AF727283

MilchbergBücher

Optimisten, so wie ich sie definiere, müssen an sich glauben, ihre Verantwortung für sich begreifen. Die Frage sollte lauten: Mit welcher Entscheidung bin ich am meisten zufrieden?

Akira Kuroda, japanische Schriftstellerin,
nach der Tsunami-Katastrophe und ihren Folgen im März 2011

Jan Bollwerk

BODEN FINDEN

Wege zu neuer Führungskompetenz

MilchbergBücher

FSC
www.fsc.org
MIX
Papier aus verantwortungsvollen Quellen
Paper from responsible sources
FSC® C105338

Originalausgabe

Veröffentlicht im Verlag Milchberg
Neetze/Lüneburg

1. Auflage Juli 2011
Copyright © 2011 Jan Bollwerk
ISBN 978-3-98 12845-1-5
Herstellung Books on Demand GmbH, Norderstedt

Texte: Jan Bollwerk
Illustrationen: Robert Kühn
Umschlag, Layout, Typosystem, Gestaltung: Walter Werner

Schriften: Sabon, Meta OT

Inhalt

Eins.	Das Alte und das Neue	15
Zwei.	Neue Ethik	23
Drei.	U.Marketing	97
Vier.	Gute Texte	111
Fünf.	Geld	123
Sechs.	Kontinuum im Wandel	133
Sieben.	Dank	153
	Interesse? So kann es weitergehen	159

Eins. Das Alte und das Neue 15-22

Zwei. Neue Ethik 23-96

- Ethik allgemein
- Warum neue Grundsätze?
- Zweifel am Wachstum
- Sittliches Verständnis
- Im Zentrum: die Individualität
- Die Aufgabe des Individuums

Grundsatz 1: Die Bewegung von innen nach außen

- Wo beginnt eine Bewegung?
- Der Weg zu etwas Grundsätzlichem: von innen nach außen
- Zeit der Unsicherheit = Zeit der Kreativität
- Beispiel 1: Umsätze gehen zurück
    - Grundregel missachtet
    - Äußerer Ausdruck eines Problems
    - Wie findet man im Unternehmen Schwachstellen?
        - Das Bedingungsfeld durchleuchten
    - Den „Stress-Punkt“ ansehen
    - An der Linie zwischen Emotion und Rationalität
        - Eine kleine Betrachtung der „Komponente Emotion“
- Beispiel 2: die Unternehmensvision
    - Techniken zur Visualisierung
    - Emotion und Rationalität

- Die Sprache führt eine Vision in die Realität
- Wertschätzung der Vision im Unternehmen
- Weite und Fokus, Allgemeines und Spezielles

Zusammenfassung, Übungen

Grundsatz 2: Qualität

PIMS: Qualität korreliert mit Geschäftserfolg

Qualität eines Urteils

Das Schachspiel

Die Produktion

Der allgemeine Sprachgebrauch

Qualität innen und außen

- Die Bedeutung für Unternehmen (Eigenschaften und Güte, Bezeichnung und Bewertung)
- Die Zustandsbeschreibung (äußere Erscheinung, Eigenschaften, Bewertung)
- Die Bewertung (Emotion)
- Wahrnehmung und Emotion (Denken, Begriff, Verbindung mit der Welt, Relevanz von Geschehnissen)

Qualität in Unternehmen (Rationalität und Emotion, Auswirkung auf alle Abläufe und Produkte, das Wesen von Qualität)

- Qualität und Finanzwesen
- Qualität und Kundenbindung

Widerstände im Unternehmen (Schaffung eines Konsenses, Kraft der Emotion)

Zusammenfassung

Grundsatz 3: Individualität

- Relevanz für Unternehmer: Individualität zeigen
- Was ist Individualität?
- Was ist Persönlichkeit?
- Wo zeigt sich Persönlichkeit?
- Ausprägungen des Individuellen (Beispiel Internet, Beispiel Sprache)
- Zusammenfassung

Grundsatz 4: Bewusstsein

- Individualität und Bewusstsein
- Bewusstheit und Bewusstsein
- Das Ziel: die unbewusste Kompetenz
- Unternehmer und Bewusstsein
- Führungsqualität: Die große Aufgabe, Menschen zu führen
- Ein neues Unternehmertum
- Zusammenfassung

Grundsatz 5: Kreativität

- „Crescere“ bedeutet „geschehen, wachsen“
- Unternehmer des eigenen schöpferischen Potentials
- Was ist Kreativität?
- Kreativität in der ersten Lebenshälfte
- Kreativität in der zweiten Lebenshälfte
- Zugang zur Kreativität
    - Wahrnehmung der Umwelt, Reaktionen mit Mustern

Den Automatismus unterbrechen
Antworten finden: Was ist wirklich geschehen?
Die Lösung liegt in der Mitte
Den „dritten Weg“ finden
Zusammenfassung, Übungen

Drei. U.Marketing 97-110
Folgen der Finanz- und Wirtschaftskrise
Verlorenes Vertrauen
Neues modernes Marketing
U.Marketing
Jedes Unternehmen ist ein Ökosystem
Einige allgemeine Marketing-Fragen für Unternehmen
Unternehmensregeln für Produkte
Unternehmensregeln für den Umgang mit Lieferanten, Dienstleistern
Unternehmensregeln für die Selektion der Vertriebswege
Unternehmensregeln für Kundenpflege
Unternehmensregeln für das Erstellen von Texten
Unternehmensregeln für das Unternehmensimage, Corporate Design
Zusammenfassung, Übungen

Vier. Gute Texte 111-122

- Nur Aufgaben für Sprachprofis?
- Was geschieht beim Sprechen?
- Keine Zeit für Sprache?
- Wichtige Grundregeln
- Die (Sprach-)Arbeit eines Vorstands
- Die Chance eines Unternehmers
- Das Beispiel „Manufactum“
- „Deutsch für Profis“
- Zusammenfassung, Übungen

Fünf. Geld 123-132

- Geld ist Tauschmittel
- Geld ist Wertmesser
- Geld, Banken, Gesellschaft
- Geld ist Möglichkeiten-Bringer von Materiellem
- Die nicht-materielle Seite von Geld und Materie
- Geld in Unternehmen
- Moderne Auffassung vom Finanzwesen
- Szenarien und Steuern
- Zusammenfassung

Sechs. Kontinuum im Wandel 133-152

- Veränderungen bereiten Unbehagen
- Änderungen werden verhindert
- Wandel ist Leben
- Wandel = Zustände miteinander verbinden
- Dominanz und Rezession
- Der tödliche Dualismus
- Dominanz und Rezession sind Wandel
- Gegebener Raum und Möglichkeitenraum
- Das Individuum bleibt im Zentrum
  - Individuum – kein Egoist
- Kontinuum ist Wandel
- „Ich will es wissen“
- Wie findet man „Wissende“?
- Kein Überfordern!
- Raum für Entwicklung
  - Räume für Heranwachsende
- Zusammenfassung

Sieben. Dank 153-158

- Denkwege offenlegen
  - Yvon Chounard
  - Global Europe Anticipation Bulletin
  - Ralph Große
  - Dag Hammarskjöld
  - Dieter Mayer
  - Wilhelm Mertens
  - J. Milberg, G. Schuh
  - PIMS-Studie
  - Robert M. Pirsig
  - Wolf Schneider
  - Rudolf Steiner
  - Götz Werner

Interesse? So kann es weitergehen 159

Das Alte und das Neue

1

Wenn Du ein Schiff bauen willst,
so trommle nicht Männer zusammen,
um Holz zu beschaffen, Werkzeuge vorzubereiten,
Aufgaben zu vergeben und die Arbeit einzuteilen,
sondern lehre die Männer die Sehnsucht
nach dem weiten endlosen Meer.

ANTOINE DE SAINT-EXUPÉRY

Das Alte: Auf der Flucht

Regieanweisung: Mit Betonung laut lesen.

Gemeine Hasen rasen vorbei.
Irgendein Igel: *He, he, warum rennt ihr?*
Einer der Hasen, bleibt stehen: *Wir sind auf der Flucht.*
Igel: *Aber ihr kommt doch immer zu spät.*
Hase: *Nein, nein, das schaffen wir!*
Igel: *Wovor flieht ihr?*
Hase: *Vor Verantwortung, Konsequenzen, geraden Sätzen, einer klaren Meinung. Vor Antworten, die sich aus den fünf Warum-Fragen ergeben könnten. Vor unserer Arbeit, unserem Schulsystem, dem Finanzsystem, den Politikern, den ...*
Igel: *Davor kann man nicht fliehen.*
Hase: *Doch, doch, wir sind die Ersten!*
Igel: *Und wohin geht die Flucht?*
Hase: *Nach Mallorca, Antalya, St. Peter-Ording und Seefeld. Zwei Wochen! Brauchen Erholung! Wir fliehen in die Familien, in die Kneipen, in die Kinos, in Geschichts-, Kriminal- und Potter-Romane. In die vielen Krankheiten.*
Dreht sich um, rast los.
Igel, grinsend: *Ick bün al dor! Un ick bleef dor!*

Regieanweisung: Der Dialog beginnt von vorn.

Das Neue: Stehen, ändern, weitergehen

Dieses Buch ist ein Plädoyer für die Schaffung einer humanen, uns Menschen gemäßen Wirtschafts- und damit Lebenswelt. Die aktuelle Finanzkrise – die Gesellschaft für deutsche Sprache ernannte dieses Wort 2008 zum Wort des Jahres – und ihre Folgen wurden vom Menschen verursacht, die dauerhafte Lösung kann nur vom Menschen kommen. Dies ist die eigentliche Herausforderung. Denn damit ist die Besinnung auf unser Menschsein gefordert.

Im Kern werden die ethischen Grundlagen unseres Denkens und Handelns sowie die Herausbildung von Empathie angesprochen.

Welches sind die eigentlichen Triebfedern unserer – auch unternehmerischen! – Entscheidungen? Warum vertrauen wir welchen Systemen? Mit welchen Maßstäben beurteilen wir sie? Stellen wir dazu eine innere Beziehung zu ihnen her? Provokanter: Mit welchen Körperteilen denken, fühlen und handeln wir?

Dieses Buch sagt: Es muss erst jemand zum Menschen heranwachsen, um Unternehmer sein zu können.

Dazu muss eine Entscheidungs-, Handlungs- und Führungskompetenz erworben werden, die nicht automatisiert auf Muster zurückgreift. Wir sollten uns bemühen, pointiert gesagt, mit jeder Entscheidung aus uns heraus etwas Neues zu wagen.

Dazu bedarf es großer Kompetenz, die (geistig) verstanden und (körperlich, seelisch) immer wieder geübt werden will. Das Ziel ist, Handlungen als Fluss, als Kontinuum zu erleben, das man mit bewusst gesetzten Impulsen beeinflusst. Der Mensch erlebt konkrete Situationen, steht in ihnen und ist in der Lage, das Geschehen zu beobachten, um dann Impulse zu setzen, welche die Situationen zu seinen Gunsten beeinflussen. So entsteht Neues! Das Entscheidende ist: Das analytisch arbeitende Gehirn spielt dabei fast keine Rolle, die Impulse kommen aus dem Erleben, aus dem jeweiligen Zusammenhang, und sind daher nicht vom Handelnden getrennt, sondern Teil seines Ichs.

Dieses Buch kümmert sich um das Ich. Die menschliche Individualität steht im Mittelpunkt des Geschehens.

Dieses Buch ist ein Mutmach-Buch.

Es beschäftigt sich mit der Wirtschaft, mit Unternehmen, dem Wirtschaften, dem Marketing, den Finanzen. Aber es geht in jeder Zeile um Menschen.

Sobald wir auch nur ein kleines Stück weit in die Diskussion von Systemen einsteigen, wird's kompliziert. Doch dies ist notwendig, und um Zusammenhänge zu verstehen, müssen wir einen weiten Bogen ziehen – angefangen bei der Finanz- und Wirtschaftskrise von 2007 (beginnend mit der Immobilien-/Subprime-Krise in den USA). Diese Krise zu Beginn unseres neuen Jahrtausends bewirkt einen der weltweit größten, schmerzlichsten Einschnitte in unsere Gewohnheiten des Geldverdienens, des Sicherheiten-Schaffens, des Wirtschaftens, des Lebens. Denn sie stellt – konsequenter, unmissverständlicher als alle anderen früheren Wirtschaftskrisen – die Grundlagen unseres Wirtschaftens infrage.

Zum Beispiel das Schuldenmachen, das in vielen Ländern westlicher Prägung als normal – also der Norm entsprechend – gilt.

In dem Zusammenhang steht die Frage nach Verantwortung im Raum: Welche Person an exponierter Position übernimmt für das, was sie entscheidet, tatsächlich die Verantwortung? Wie – konkret! – sieht diese Verantwortung aus?

Die Krise stellt auch die Frage nach Sinn und Berechtigung permanenten Wachstums und stetig steigender Gewinne.

Es tauchen ferner Überlegungen auf, die am Prinzip des weltweiten Bankensystems rütteln: am Zins und Zinseszins.

Dann stehen moderne Kapitalanlage- und Finanzierungsinstrumente – jedenfalls zeitweise – zur Diskussion.

Schließlich wird die Verstaatlichung von Banken diskutiert: Wenn die Banken – wie von Politikern und Unternehmerverbänden immer wieder betont wird – systemrelevant sind, wenn sie also eine notwendige Funktionsbedingung unserer Wirtschafts- und Staatensysteme auf der ganzen Welt darstellen, wenn Geld – wie es heißt – „der Schmierstoff der Wirtschaft" ist, dürfen die Banken überhaupt marktwirtschaftlichen Gesetzen unterliegen? Und damit steht unsere marktwirtschaftliche Ordnung im Ganzen auf dem Prüfstand.

Es ergeben sich weitere Überlegungen: Was hat sich vier Jahre nach Beginn der Finanzkrise, Mitte des Jahres 2011, als Konsequenz aus dem weltweiten Debakel geändert? Was wurde tatsächlich aktiv getan, um in Zukunft solche Entwicklungen zu vermeiden? Gab oder gibt es eine gründliche Aufarbeitung der Situation, mit Beschreibung, Analyse, Benennung möglicher Lösungen?

Seit Beginn des Jahres 2011 verbreiten Regierung und nachfolgend Wirtschaftsverbände Nachrichten von einem kaum gekannten Aufschwung in Deutschland. Davon abgesehen, dass die Zahlen weder von Journalisten noch von deren Lesern überprüft werden, wahrscheinlich auch nicht überprüfbar sind, bleibt die Tatsache

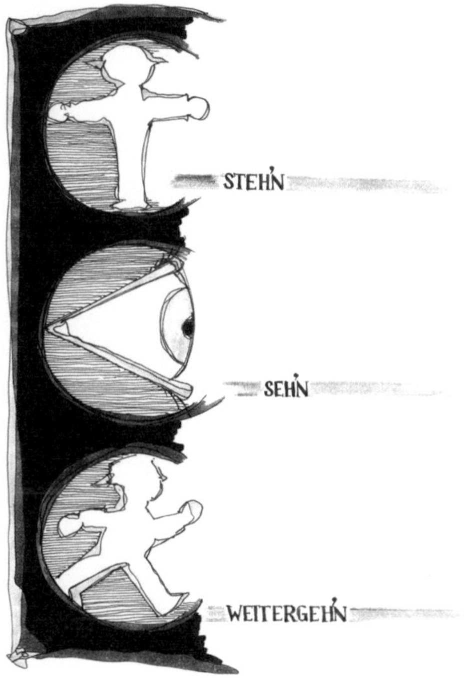
STEH'N
SEH'N
WEITERGEH'N

bestehen, dass es die oben genannte inhaltliche Aufarbeitung nicht gegeben hat. Wirtschaft, Regierung, Medien – alle machen unter den real geänderten Bedingungen so weiter, als hätte es niemals den skizzierten Einbruch mit all seinen Infragestellungen gegeben. Allein dieser Zusammenhang müsste zu denken geben: Werden geänderte Bedingungen ignoriert und man fährt mit „business as usual" fort, wendet sich dies gegen die Akteure. Dazu eine Parallele aus dem Sport: Wenn ein Boxer und sein Ring-Team im Kampf eine aufgeschlagene Augenbraue, einen sog. Cut, ignorieren, machen sie sich an dieser kleinen Stelle extrem angreifbar – so stark, dass der Kampf dadurch verloren werden kann.

Viele Menschen spüren die Ungereimtheiten. Der allgemeine Unmut macht sich an Stellen Luft, die in scheinbar keinem Zusammenhang mit dem Finanzsektor stehen – zum Beispiel in heftigen Bürgerprotesten anlässlich des Neubaus des Stuttgarter Hauptbahnhofs (das Stichwort dazu: „Stuttgart 21"). Dort kommt erstmals das Wort „Wutbürger" in den Sprachgebrauch.

Bei diesen Protesten zeigt sich – ebenso in den Protesten nach dem Zusammenbruch des japanischen Atomkraftwerks Fukushima und nachfolgend in der großen Anti-Atomkraft-Bewegung in Deutschland und anderswo –, dass wir Menschen nicht tatenlos den Unglücken und ihren Folgen zusehen, sondern zupacken wollen. Die Bürger wollen verändern und gleichzeitig arbeiten, um wirtschaftliche Dellen auszugleichen.

Es muss betont werden, dass die aufgeworfenen Fragen und zutage getretenen Probleme von uns ausdrücklich als Sachfragen verstanden werden wollen. Sie stehen außerhalb jeglicher Ideologie. In der öffentlichen Diskussion erfolgt ihre Beantwortung meistens ideologiebehaftet. Und selbst derjenige, der Antworten auf Basis nicht-offizieller Informationsquellen sucht, die beispielsweise mit dem Internet entstanden sind, wird in die ideologische Spinner-Ecke „Verschwörungstheoretiker" gestellt. Dient alles dies der Sache? Meistens nicht.

Nun leben wir in einer Zeit, die sich durch wachsendes Bewusstsein für tatsächliche Ursachen, für herbeigesehnte Humanität, für falsche Zusammenhänge und wahre Hintergründe auszeichnet.

Dieses langsam entstehende neue Bewusstsein kollidiert zwangsläufig mit den alten Strukturen in Politik, Finanz- und Energiewirtschaft, mit den Gesundheits- und Sozialsystemen. Machtkämpfe brechen aus, denn das Neue geht in Abwehrhaltung gegen den Status quo, das Bestehende verteidigt häufig aggressiv seine Positionen.

Es lohnt sich, Fragen wie den folgenden nachzugehen: Was möchte dieses zarte Bewusstseins-Pflänzchen, dessen Wachsen viele Menschen in sich spüren? Welche Art von Nahrung braucht es, damit es größer werden kann? Gibt es Kräfte, die ein Wachsen unterbinden wollen? Wie können wir die Wachstumskräfte stärken und stets beleben?

Einige dieser Fragen waren Ausgangspunkt und Anlass, das vorliegende Buch zu schreiben. Man hätte die Überlegungen in jedem Lebensbereich anfangen lassen können. Aber wir – unsere Agentur, unsere bisherige Arbeit – bewegen uns in der Wirtschaftswelt. Daher liegt dort der Schwerpunkt.

„Neue Ethik“ – so nennen wir unseren Ansatz, aus dem wir das neue „U.Marketing“ entwickelt haben.

Die Gedanken dazu kommen aus zahlreichen Quellen. Zugrunde liegt unsere jahrelange Arbeit in Medienkonzernen in Deutschland und den USA, für Tageszeitungen und Magazine, ferner die Arbeit im eigenen mittelständischen Betrieb sowie die Arbeit als Selbstständige für Industrie- und Finanzdienstleistungs-Unternehmen. Insofern kommen die Überlegungen aus dem praktischen Tun und haben gleichzeitig viele geistige Wurzeln. Anders, etwas burschikoser formuliert: Wir wissen nicht nur theoretisch, wie man eine Schubkarre fährt – wir bewegen sie seit vielen Jahren täglich selber.

Bei der „Neuen Ethik“ geht es inhaltlich im Kern um Individualität und Persönlichkeit. Und es geht um tatsächlich übernommene, gelebte Verantwortung, nicht um Lippenbekenntnisse. Wer aus sich heraus individuell – nicht egoistisch! – Impulse setzt, ist selbst-verantwortlich für das, was er tut und denkt. Daher sprechen wir von „Verantwortungs-Management“, „Verantwortungs-Marketing“ und „Verantwortungs-Wirtschaften“. Dies bezeichnet, auf eine Formel gebracht, ein Bündel qualitativer Kriterien für ein neues Leiten/Führen von Unternehmen bzw. für das Wirtschaften. Die qualitativen Kriterien kennen kein intellektuelles Entweder-Oder, sondern ein

Balance-erzeugendes Ausgleichen der Extreme. Es gibt keine Brüche im Geschehen, sondern Entwicklung.

Unser Buch ist Plädoyer und Aufforderung für den Mut zur Individualität: Menschen, die überall – und auch an exponierten Positionen – ihre Arbeit tun, sollen sich ihrer Individualität, ihrer Menschlichkeit bewusst werden und diese im Sinne ihrer Aufgabe zum Vorschein kommen lassen und leben. Wir ermuntern sie, sich vom Mainstream auszukoppeln und ihre eigenen kreativen Wege zu gehen. Wir möchten ihnen Mut machen, (eigenen) Boden zu finden.

U.Marketing wird verstanden als Führungskonzeption für Unternehmen, die findet auf vielen Ebenen stattfindet (z.B. Produktion, Verwaltung, Personal). Management – aus dem Lateinischen „manus agere = mit den Händen etwas tun“ – ist heute zuständig für das Beobachten eines Geschehen, für die im Laufe von vielen Jahren entwickelte Fähigkeit, aus dem Erleben einer Situation heraus Impulse zu setzen, außerhalb oder innerhalb von Arbeitsabläufen. Marketing und Management sind große Bereiche unserer Lebenswelt, in denen Millionen Menschen tätig und/oder unmittelbar betroffen sind. Für beide Felder begreifen wir es als unabdingbar, qualitative Kriterien, Leit- oder Richtlinien zu entwickeln, welche im Ergebnis zu einem besseren Wirtschaften, Führen und Miteinanderleben führen.

Entwicklungen sind langsam verlaufende, zäh empfundene Prozesse. Häufig halten wir sie nicht aus und zetteln schnelle Veränderungen an, die wir beispielsweise Revolutionen nennen; was folgt, sind noch bedrängendere Systeme als vorher. Wirksamer ist es, auf die langfristig wirkende Kraft immer wieder gut gesetzter Impulse zu vertrauen, die sich entweder ausbreiten wie konzentrische Kreise auf dem Wasser oder die sich zielgerichtet fortpflanzen. Es gilt also, nicht zum Zustand der gerne beschworenen „guten alten Zeit“ zurückzukehren, sondern in der Gegenwart zu sein, dort in Bewegung zu kommen und zu bleiben, die dafür maßgeblichen Bedingungen und Antriebs- und Gegenkräfte zu studieren, und sich selbst so zu energetisieren, dass der nächste auf den nachfolgenden Schritt getan werden kann: Keep on moving! Lasst uns menschlich denken und handeln und so permanent Boden suchen und finden!

Neue Ethik

zwei

Gehe nicht dorthin, wohin der Pfad dich führt.
Gehe lieber in Gegenden, wo es keinen Pfad gibt,
und hinterlasse eine Spur.

RALPH WALDO EMERSON

Ethik allgemein

Ein paar Bemerkungen zur Ethik allgemein. Seit Sokrates seine Auffassung in die Welt gebracht hatte, dass der Mensch ein Vernunftwesen sei und daher seine Handlungen nicht ausschließlich von Traditionen und Konventionen bestimmt sein dürften, wurden unzählige Gedanken zur Ethik geäußert. Sie finden sich in allen denkbaren Formen künstlerischer und philosophischer Ausprägung. Es gibt komplette Gliederungssysteme zur Ethik. Man kategorisiert sie nach Aussagen, Begründungszusammenhängen, Prinzipien und Anwendungsbereichen. Es scheint, als reklamiere jeder neu entstehende Denkstrom, jede neu sich formierende Gruppe, sogar jedes Wirtschaftsunternehmen eine eigene Ethik für sich; der Begriff muss für vieles herhalten.

Wer in dieses Feld tief einsteigt, kann verwirrt, entnervt aufgeben. Tatsächlich mag man sich des Eindrucks nicht erwehren, als sei dies ein Ziel: Nicht Klarheit, sondern Unklarheit entsteht. Warum? Wollen wir Menschen uns vielleicht selber vom eigenverantwortlichen Denken und Handeln abhalten? Vielleicht ist aber auch gegenwärtig einfach die Zeit reif, vielleicht haben wir einen notwendigen Reife- und Verständnisgrad erreicht, um uns mit diesem Thema sinnvoll auseinandersetzen zu können und zum Eigentlichen zu kommen: zum Begreifen von Menschlichkeit, Indivdualität, von Verantwortung, von Ethik.

Warum neue Grundsätze?

Diesem Buch liegt die Auffassung einer neuen Ethik zugrunde – eine Ethik, die insbesondere der Wirtschaft und damit Unternehmen Ansätze und Wege bieten soll, die eigenen Grundsätze zu überdenken und neue Regeln zu finden. Es werden neue Grundlagen benannt und deren Anwendung beschrieben; sie beziehen sich auf alle Bereiche der Wirtschaft.

Warum neue Grundsätze? Seit 2007 erlebt die Welt die größte Finanz- und Wirtschaftskrise seit der „Großen Depression“ in den 1930er Jahren, manche Autoren sprechen von der größten Wirtschaftskrise der Menschheit. Wir müssen schmerzlich erfahren, was es bedeutet, dass die Netze unserer aller Volkswirtschaften rund um den Globus in wenigen Jahrzehnten eng zusammengeknüpft worden sind. Wir lernen, welcher Stellenwert innerhalb des gesamten Wirtschaftens der Geldwirtschaft eingeräumt wurde. Wir versuchen zu begreifen, wie dominant die Finanz- und Wirtschaftssysteme sind und wie verschachtelt, unübersichtlich und im Detail nur noch für Experten nachvollziehbar sie funktionieren. Und dann stellen wir fest, dass als Folge von Konkurrenzdruck in Unternehmen, von Lohndumping sowie von Abbau öffentlicher Ausgaben für gesamtgesellschaftliche Aufgabenbereiche (z.B. Universitäten, Schulen, Kindergärten, auch Neubau und Unterhalt von Straßen) wir alle, nicht nur in Deutschland, sondern genauso in Frankreich und Spanien und Portugal und Griechenland und Irland letztlich die Zeche für geplatzte Spekulationsblasen und Geschäfte mit modernen Finanzmarktinstrumenten auf der ganzen Welt zahlen.

Wir alle spüren, dass etwas Grundsätzliches in unseren Wirtschaftssystemen nicht mehr stimmt. Viele – auch Experten! – fassen die Finanz- und Wirtschaftskrise als Sympton auf, an dem sich die Krankheit der Systeme offenbart.

Diese erst vor wenigen Jahren entstandene und seitdem sich ausdehnende Situation bildet den Boden für zahlreiche Detailfragen. Hinter ihnen steht die Frage nach Grundsätzlichem: Was ist es, das nicht mehr stimmt? Die Beantwortung ist schwierig und komplex. Viele – festgeschriebene und/oder stillschweigend in täglicher Praxis vereinbarte und ausgeübte – volks- und betriebswirtschaftliche Axiome, mit denen wir wie selbstverständlich leben, müssen daher auf den Prüfstand.

Zweifel am Wachstum

Da ist der Gedanke des permanenten Wachstums. Er beherrscht jede Hauptversammlung, jeden Geschäftsbericht, jede Unternehmensvision, jeden Jahreswirtschaftsbericht einer Bundesregierung: Ein Unternehmen, eine Volkswirtschaft, die nicht jährlich wächst und dies deutlich bekundet, hat im öffentlichen Ansehen verloren; die entsprechenden Aktien sinken, die Kreditwürdigkeit von Unternehmen wird herabgestuft, das Schuldner-Rating von Staaten wird gesenkt. Erstaunlicherweise gilt selbst angesichts der aktuellen weltweiten Finanzkrise immer noch uneingeschränkt der Wachstumsgrundsatz; er hat die Schwere und die Konsequenz eines Naturgesetzes.

Viele weitere Axiome müssen ebenfalls überprüft werden: in größerem Rahmen beispielsweise das Prinzip von Zins und Zinseszins, die nicht mehr vorhandene Goldbindung, der Stellenwert von Banken, der Sinn von Privatisierungen volkswirtschaftlich bedeutender Industrien (z.B. Energie, Wasser); für Unternehmen z.B. der Stellenwert des Controllings bzw. die eigene Finanzphilosophie, die Wichtigkeit von Qualität, die Grundsätze der Produktentwicklung, die Form der Vertriebssteuerung. – Weiter unten gehen wir auf einige dieser Punkte ausführlich ein.

Die öffentliche Diskussion dieser und weiterer Grundsätzlichkeiten findet nur in einschlägigen Internetforen und in einigen Büchern statt. Und erst gegen Ende 2010, ca. ein Jahr vor Erscheinen dieses Buches, werden die ersten kritischen Stimmen in der deutschen Presse laut, die den Wachstums-Automatismus in Frage stellen. Da gibt es den erfolgreichen mittelständischen Bremer Unternehmer Harald Rossol, der mit seiner Firma nicht mehr wachsen will. Da nimmt am 17. Januar 2011 die Enquete-Kommission des Deutschen Bundestages „Wachstum, Wohlstand, Lebensqualität“ fast stillschweigend ihre Arbeit auf; es geht ihr u.a. um die Beantwortung der Frage, ob eine stabile Entwicklung Deutschlands auch ohne oder mit nur geringem Wachstum möglich sei. Auch die Rolle des Bruttoinlandsproduktes als Wachstums-Indikator kommt dabei auf den Prüfstand. Ein drittes Beispiel: Auf einer interdisziplinären Tagung, über die im Januar 2011 berichtet wird, dachten und diskutierten deutsche Wissenschaftler und ein prominenter Banker über Ursachen und Folgen der internationalen Finanzkrise. Das Ergebnis war erschreckend: Man war sich im Grunde einig, dass unser aktuelles Wirtschaftssystem keine Mittel hat, solche gewaltigen Krisen zu vermeiden – im Gegenteil, dass diese sogar systemimmanent sind. Die Ratlosigkeit war groß.

Sittliches Verständnis

Vor diesem – lediglich skizzenhaft – beschriebenen Hintergrund entwickeln wir das Verständnis einer neuen Ethik. Was ist das? Neue Ethik bezeichnet die sittliche Selbstverständlichkeit menschlichen Handelns, welche – ganz im Sinne der modernen Zeit – das Individuum in geistiger Selbstbestimmung in den Mittelpunkt stellt. Individuelle geistige Selbstbestimmung basiert auf bewusster Verwirklichung eines sittlichen Wollens; dies verlangt nach eindeutiger Beantwortung der Frage: Will ich meine Kraft und die mir zur Verfügung stehenden Mittel und Möglichkeiten dazu einsetzen, um den Ausgleich zwischen Gutem und Schlechtem in die Welt zu bringen? Es geht dabei weder um nur Gutes noch um nur Schlechtes, sondern darum, die Waage zwischen beiden Extremen anzustreben. Dafür ist unser Geist die Grundlage. Er ist angebunden an die über-individuelle Geisteswelt. Seine Impulse steigend permanent in uns auf und erzeugen in uns das Wollen. Diesem Wollen folgt die Tat, dieser das Schaffen der sichtbaren, physischen Realität.

Das als „Neu“ Bezeichnete dieser Auffassung ist bestenfalls neu für unsere Gegenwart. Denker, Philosophen, Eingeweihte haben zu allen Zeiten über Ethik nachgedacht, sie definiert, die Begrifflichkeiten und ihre Bedeutungen mehr oder weniger mahnend ihren Mitmenschen übergeben. Unsere heutige Zeit ist in allen Facetten des Lebens vom Wirtschaftlichen und dessen Verwertungszusammenhängen bestimmt. Es ist wichtig zu verstehen, dass wir Menschen diese Strukturen geschaffen haben und dass dahinter – und damit auch hinter den handelnden Menschen – mächtige geistige Strömungen und Kräfte stehen. Ziel dieses Buches ist es, sich einem Begriff von Ethik schreibend zu nähern, ihn zu definieren und seine Ausprägungen in praktischer Anwendung zu beschreiben – einen Ethik-Begriff, der im Wirtschaftlichen unserer Zeit wirken kann; selbstverständlich ist er auch auf andere Lebensbereiche übertragbar.

Die Beschreibung der neuen Ethik beinhaltet als „Grundsätze“ bezeichnete Hinleitungen und Definitionen, angereichert mit praktischen Beispielen. Danach werden die Grundsätze auf verschiedene Bereiche der Wirtschaft und der Kommunikation übertragen dargestellt und erläutert.

Im Zentrum: die Individualität

Im Zentrum steht die überragende Individualität des Menschen. Von ihr geht alles aus, in sie führt alles zurück. In jedem Individuum verwirklicht und konzentriert sich die geistige Welt. In jedem Individuum finden alle Kämpfe statt, alle Liebesbeziehungen, alle Grundlagen für Gut und Böse – und auch der Ausgleich zwischen beidem. Von daher liegt auch in jedem Individuum die Verantwortung, nicht nur für das Handeln, auch für das Körperliche, für das Seelische und für das Geistige – also auch für die Gedanken.

Dies war nicht immer so. Unsere Vorfahren, unsere Väterväter und Müttermütter, die beispielsweise in Stammeszusammenhängen lebten, fühlten ihre individuelle Einzigartigkeit nicht in dem Maße, wie sie uns heute selbstverständlich erscheint. Sie empfanden sich mehr als Teil eines Ganzen, eines Stammes, einer Sippe (dies ist bei einigen Völkern bis heute noch der Fall). In jedem Einzelnen von ihnen lebte das gesamte Gedankengut, der gesamte Sittenkodex ihrer Gruppe; und insofern wurde alles, was einem von ihnen zugefügt wurde, als Angriff auf das Grundsätzliche ihrer Gruppe aufgefasst.

Über die Jahrtausende hat sich dies für unseren Kulturkreis geändert – bis zur Gegenwart hin. Und wer dieses Phänomen der Individualität eines Menschens, seines Ichs, durch die unterschiedlichen Gesellschaften, in den verschiedenen Ländern untersucht, wird feststellen, dass in unserer Zeit das Individuum, die Persönlichkeit, in den Vordergrund rückt. Das Ich ist gefragt.

Die Auffassung von Individualität hat nichts mit Egoismus zu tun, obwohl dieser damit gerne gleichgesetzt wurde und wird. Wir erfahren das gegenwärtig in zugespitzter Form: Der Egoismus, das komplette Auf-sich-bezogen-Sein, das immer und überall In-den-Mittelpunkt-Stellen der eigenen Wünsche und Bedürfnisse, feiert in westlichen Gesellschaften große Feste. Individualität ist jedoch etwas anderes: Sie fragt nach der Aufgabe eines jeden Menschen in seinem Leben und nach dem Ur-Menschlichen; dabei rücken die eigenen Befindlichkeiten in den Hintergrund.

Aufgrund des diametral unterschiedlichen Charakters von Egoismus und Individualität ist eine Gleichsetzung falsch und diskreditiert die Individualität.

Die Aufgabe des Individuums

Die Individualität, die zwar alle die Systeme geschaffen hat, die wir als unzureichend und häufig bedrohlich erleben, hat gleichzeitig die Chance und Aufgabe für eine Korrektur, für eine Neuausrichtung. Sie kann die „Neue Ethik" verwirklichen. Sie, die – meistens leise in jedem Einzelnen – nach dem Sinn unserer Handlungen fragt, rückt mit ganzer Kraft in den Vordergrund und will neue sittliche Inhalte in die Welt bringen. Wir leben in einer Zeit, in der unsere Auffassungen von Leben neuer Impulse bedürfen. Das Bestehende, unter anderem das Materielle, wie wir es kennen, will zugunsten anderer Lebensinhalte neu bewertet, eingeordnet – und langfristig überwunden werden.

Diese Erkenntnis ist zwar kein bewusstes Allgemeingut, viele dieser geistigen Ströme werden jedoch unbewusst wahrgenommen – während wir zu Beginn des 21. Jahrhunderts mitten im Materiellen leben. Wir dürfen es daher nicht wegwerfen, nicht zerbomben, nicht per Dekret verbieten, uns nicht darüber erheben – jeder muss das Materielle für sich und in sich begreifen, überwinden. Diese Aufgabe liegt voll und ganz beim Individuum.

Vor dem Überwinden steht das Begreifen, das Verstehen. Diesem liegen geistige, seelische und körperliche Prozesse zugrunde. Aufgabe des Buches ist es, einige davon zu beschreiben und Wege und Richtungen aufzuzeigen, wie wir das Neue mithilfe einer neuen Auffassung von Ethik realisieren können.

Real werden muss die neue Ethik in jedem Einzelnen von uns. Es gibt auf der Welt keinen Staatsmann, keinen Verbandsvorsitzenden, keine Religion, kein Demokratie- oder Autoritätsverständnis, das uns diese Arbeit abnehmen kann. Jedes Individuum ist gefordert.

Grundsatz 1: Die Bewegung von innen nach außen

Wo beginnt eine Bewegung?

Den ersten Grundsatz der neuen Ethik für Unternehmen und Wirtschaft nennen wir die „Bewegung von innen nach außen“.

Wo beginnt eine Bewegung? Eine Antwort auf diese Frage kann man finden, wenn man andere Lebewesen beobachtet, zum Beispiel einen Hund. Nehmen wir an, er konnte in einer einigermaßen normalen Umgebung aufwachsen, wurde nicht geschlagen, fasste Vertrauen zu seinen menschlichen Bezugspersonen, begreift diese als sein Rudel; ferner durfte er in einer Hundeschule zusammen mit anderen Hunden sein Sozialverhalten erlernen und ausbilden. Dann liegt dieser Hund auf seiner Decke und döst. Plötzlich hört er irgendwo in der Nachbarschaft einen anderen Hund anschlagen, so leise, dass sein menschliches Leittier es nicht hören kann. Sofort ist der Kopf des Hundes oben, die Ohren sind aufgestellt, und einen Bruchteil einer Sekunde später bellt er, springt auf und läuft zum Fenster.

Schaut man genau hin, sieht man, dass die Bewegungen nicht etwa an den Tatzen – also an den äußeren Enden seiner Gliedmaßen – beginnen, sondern im Rumpf. Wenn das Tier rennt, holt es die Kraft zum Strecken und Sichzusammenziehen aus dem Körper, aus seiner Körpermitte. Die Kraft setzt sich in die Gliedmaßen fort, bis in die Pfoten, und treibt den Hund nach vorn. Der Beginn der Bewegung liegt sozusagen im Innern.

Der Weg zu etwas Grundsätzlichem: von innen nach außen

Diese Tatsache kann man als Bild auffassen und auf viele Sachverhalte, Vorgänge, Zusammenhänge übertragen. Formelhaft kann man sagen: Der Weg zu etwas Grundsätzlichem führt immer von innen nach außen. Und es ist kein Zufall, dass sich diese Art von Prinzip sowohl in körperlichen – wie im Beispiel des Hundes – als auch in geistigen Vorgängen findet.

Jeder kann dies an sich selber beobachten. Jede größere Entscheidung nimmt diesen Weg – bewusst oder unbewusst. Ein solcher Prozess kann mit tiefem Grübeln beginnen, mit sachlichem Nachdenken, mal unter Einbeziehung vieler Personen und unzähliger Konferenzen, manchmal mit einem innerlichen Zermartern. Das Gemüt tritt auf und zeigt Angst, Verzweiflung, Freude und Ausgelassenheit – je nach Anlass, je nach individueller Konstitution. Mal dauert der Prozess länger, mal nur Bruchteile von Sekunden. Am Ende jedenfalls sollte eine Entscheidung stehen, dann eine Handlung, eine Tat.

Der Ablauf ist immer der gleiche: In unserem Innern wird ein Gedanke angestoßen. Dies ist ein Impuls. Es kann eine Idee sein, ein Wunsch. Der Anlass dazu kann von außen kommen – beispielsweise durch ein Angebot zur beruflichen Veränderung, durch das Kennenlernen einer attraktiven Frau oder eines netten Mannes. Der Anlass kann ebenso in einem Menschen selber entstehen: Man spürt plötzlich, dass man Tennis spielen lernen möchte, oder es taucht der Gedanke auf, nach Indien zu reisen, man hat unvermittelt die Idee, ein Buch zu einem bestimmten Thema zu schreiben, oder man sieht plötzlich den Weg zur Lösung einer technischen Frage in seiner Firma deutlich vor sich.

Zeit der Unsicherheit = Zeit der Kreativität

Hier gilt es, einen Einschub zu machen. Fast immer geht diesem Impuls eine mehr oder weniger lange Zeit der Unsicherheit voraus. Sie wird erlebt als Suchen, als eine Art von Schwimmen, von vorsichtigem – inneren! – Gehen auf unsicherem, weichem Boden. Wer so etwas nicht kennt, fühlt sich in einer solchen (Lebens-)Zeit extrem unwohl; häufig gibt es nichts, an dem man sich festhalten kann. Tatsächlich sind diese Zeitabschnitte, die im Laufe eines Lebens immer wieder auftauchen können, hochkreative Phasen; mehr darüber im Kapitel über die Kreativität.

Beispiel 1: Umsätze gehen zurück

Überträgt man das Prinzip „von innen nach außen“ auf umfassende Strukturen wie eine Firma, ganz gleich wie groß oder klein sie ist, ganz gleich, welche Produkte oder Dienstleistungen sie herstellt und verkaufen möchte, wird schnell deutlich, dass dieses Prinzip genau dafür prädestiniert ist.

Was bedeutet das konkret für ein produzierendes Unternehmen, eine Bank, einen Finanzdienstleister? Nehmen wir an, es existieren bereits Produkte, nehmen wir an, bei einem Finanzdienstleister sind diese die Versicherungen, die verkauft werden sollen. Irgendwann stellt das Management fest, dass die Anzahl der Verkaufseinheiten zurückgeht, dass Kunden verloren werden und sich die Stammkundschaft sogar halbiert, dass dadurch die Umsätze schrumpfen und die Gewinne einbrechen. Die Kosten bleiben aber nicht nur so hoch wie zuvor, im Gegenteil, sie steigen sogar: In ersten hektischen Reaktionen stellt das Management zusätzliche Verkäufer ein, die bezahlt werden wollen, anderswo entlässt das Management die Verkäufer, erwirbt – außerhalb des Kerngeschäfts liegende – Zusatzprodukte, von denen man sich eine stärkere Kundenbindung erhofft. Man erwirbt für viel Geld neue Kundenadressen, sog. Leads, macht Mailings, schaltet zusätzliche Werbung. Das alles kostet viele Tausend Euro. Doch der gewünschte Erfolg bleibt aus. Aus den Mailings kommen nur ca. 0,1 Prozent positive Rückläufer, ähnlich schlecht sieht es bei den teuer erworbenen Kundenadressen aus, die Werbung verpufft, die neuen Verkäufer bemängeln alles und jeden und versagen. Was ist passiert?

Grundregel missachtet

Das Management hat eine Grundregel außer Acht gelassen: die „Bewegung von innen nach außen". Es wird meistens außen „an der Peripherie" gearbeitet. Man stellt zusätzliches Personal ein; sind die neuen Leute vielleicht noch in leitenden Positionen tätig, haben sie meistens ihre Vertrauten im Schlepptau – also wird ohne Not Stammpersonal entlassen, damit die Neuen sich wohlfühlen; in anderen Unternehmen wird der Werbe-Etat erhöht – oder komplett gestrichen, ganz so, wie die neue Führungscrew es möchte; es werden noch mehr Verkaufstermine gemacht, es wird die Internetseite geändert, es werden neue Broschüren gedruckt.

Alles dies sind Dinge, die nicht ins Herz des Problems zielen, das die Ursache für die Schieflage ist. Die Aktivitäten signalisieren nach außen und innen Aktivität und Dynamik, sie geben den Initiatoren das gute Gefühl, etwas getan zu haben. Manchmal haben solche oder ähnliche Aktionen sogar positive Effekte, häufig jedoch wirken diese nicht langfristig.

Äußerer Ausdruck eines Problems

Im oben skizzierten Beispiel ist der Finanzdienstleister in ernster Gefahr, dauerhaft größeren wirtschaftlichen Schaden zu erleiden, wenn nicht sogar Insolvenz anmelden zu müssen. Was kann er tun?

Grundsätzlich sollte er wissen, dass eine Krise immer eine Chance darstellt. Genauso wie eine Krankheit zwar eine Krise und damit häufig ein Einbruch, aber gleichzeitig Ausdruck eines Problems ist – und wenn sie als solche begriffen wird, ist das bereits der erste Schritt nicht nur zur Gesundung, sondern auch zur Heilung.

Fasst also der Finanzdienstleister das, was sich an der Peripherie seines Unternehmens beispielsweise als Kundenverlust zeigt, als äußeren Ausdruck eines im Innern seiner Firma liegenden Problems auf, macht er einen entscheidenden Schritt. Lenkt er dann den analysierenden Blick tiefer ins Unternehmen, kann er mit relativ einfachen Mitteln feststellen, was an welchen Stellen nicht stimmt: zum Beispiel mithilfe eines Fragebogens.

Wie findet man im Unternehmen Schwachstellen?

Es bietet sich an, die Hilfe eines Unternehmensberaters in Anspruch zu nehmen und mit ihm einen Analysebogen durchzuarbeiten; für diese Unternehmensanalyse, die präzise durchgeführt und vom Aufwand her überschaubar sein sollte, bekommt der Berater einen zeitlich begrenzten, genau definierten Auftrag.

Im nächsten Schritt wird der Analysebogen ausgewertet. Genauso wie in Umfang und Qualität der Fragen liegt in Präzision und Trennschärfe der Auswertungen das entscheidende Potential, wahre Zusammenhänge und Ursachen für Schieflagen und Probleme zu erfahren.

Wichtig: Eine solche Analyse sollte nicht nur Schwachstellen, sondern auch Stärken eines Unternehmens aufzeigen: Denn das eine ist vielleicht die Ursache für das andere.

Nach der Analyse werden aus den gewonnenen Daten Handlungsanleitungen und Handlungen generiert.

Ein interessantes Verfahren, um schnell Ursachen für eine Krise oder Schwierigkeit in einem Unternehmen auf die Spur zu kommen, sind die sog. „Fünf Warum-Fragen“. Dabei wird zunächst das zu untersuchende Problem so präzise wie möglich definiert, anschließend fragt man fünfmal nach dem Warum – nicht häufiger, sonst verliert man sich in Urwäldern von Argumenten, Gegenargumenten, Rechtfertigungen! Fünf Fragen sind also vollkommen ausreichend, und viele Unternehmen und Berater, die damit arbeiten, machen die Erfahrung, dass man bei den Antworten fast immer bei strategischen Wurzeln landet. Und damit steht man mitten im Kern, also in der Unternehmensstrategie.

Eine weitere Anmerkung: Wir erörten an dieser Stelle nichts Grundsätzliches zu Analyse-Instrumenten. Uns geht es darum, das Prinzipielle sowie die Wichtigkeit und Bedeutung des Vorgehens deutlich zu machen und dabei Mut zu machen, den Blick nach innen in ein Unternehmen zu lenken. Tatsächlich braucht man für einen solchen Prozess Mut, Ausdauer, Begeisterung und klaren Verstand.

Das Bedingungsfeld durchleuchten

Die Suche nach Ursachen wird bei jedem Unternehmen zu individuellen Antworten führen. Mal liegen die Schwachstellen im Bereich des Vertriebs, ein anderes Mal beim Marketing, dann vielleicht in der Finanzabteilung oder beim Management etc.

In unserem Beispiel konzentrieren wir uns auf das Produkt und dabei auf dessen Bedingungsfeld. Warum? Ein Bedingungsfeld zählt zu den großen individuen- und unternehmensübergreifenden Prinzipien von Interaktion. Daher ist eine der zentralen Aufgaben jedes Unternehmens, seine zahlreichen Bedingungsfelder, in denen sich der gesamte Apparat bewegt und durch die es permanent beeinflusst wird, sehr genau zu kennen.

Was ist ein Bedingungsfeld? Es ist der Interaktionsbereich, in dem sich ein Mensch täglich bewegt, in dem sich ein Unternehmen befindet. Jede Pflanze, jedes Tier, jeder Stein existiert unter bestimmten Bedingungen. Ändern sich diese, muss sich das Gegenüber neu positionieren.

In der Lehrerausbildung ist beispielsweise das Bedingungsfeld einer Klasse Teil der didaktisch-pädagogischen Aufgabe: Ein Lehrer muss bei der Planung seines Unterrichts um die Faktoren wissen, die seinen Unterricht beeinflussen können. Da ist der soziale Hintergrund seiner Schüler, ihre fachlichen Vorkenntnisse, die Unterrichtsstunde unmittelbar vor seiner eigenen (die Schüler bringen eine andere Konzentration und Energie mit, wenn sie vorher das Fach Sport oder Religion haben), da ist auch die Sitzordnung in der Klasse und die Uhrzeit der jeweiligen Unterrichtsstunde. Ein Lehrer muss sich ferner bewusst machen, dass Kinder an einem Montagmorgen nach einem verregneten Wochenende – meistens im Haus vor dem Fernseher – in anderer Stimmung in die Schule kommen als nach einem heißen sonnigen Sonntag.

Es gibt also zahlreiche Faktoren, die jede Interaktion in irgendeiner Form beeinflussen.

Im Falle des Finanzdienstleisters stellen wir die Frage nach dem Bedingungsfeld des Produktes – eine Frage nach einem wichtigen Aspekt der strategischen Ausrichtung des Unternehmens.

Jedes Bedingungsfeld besteht aus einer Reihe von Faktoren, die ihrerseits ebenfalls mit den sie umgebenden Bedingungen in Kontakt stehen. In unserem Beispiel ist eine dieser Bedingungen der Markt, in dem sich das Unternehmen bewegt, hier der Finanzmarkt.

Das Marktgeschehen ist zu Beginn des Jahres 2011 von den Ausläufern einer der schwersten Finanz- und Wirtschaftskrisen der Welt geprägt. Wir haben erlebt, wie seit der Einführung des Euro als Bargeld im Jahre 2002 sich der Wert dieser Währung verringert hat; viele Stimmen sprechen von einer 50-prozentigen Inflation. Und jetzt, nach der Finanzkrise, spüren die Menschen erneut den Verlust eines Teils ihres Ersparten: Lebensversicherungen mussten Gewinnerwartungen zurückschrauben, viele Fonds wurden illiquide und sind geschlossen.

In der Folge vergeben Banken und Sparkassen weniger und zu strengeren Konditionen als bislang Kredite. Nur derjenige, der über große Sicherheiten verfügt, bekommt akzeptable Zinssätze.

Insgesamt ist weniger Geld im Markt. Einige der Folgen: Rechnungen werden nur schleppend bezahlt, weniger Aufträge werden vergeben, die Menschen haben weniger Geld zum Konsumieren.

Als Grundgefühl macht sich bei den Menschen eine große Verunsicherung breit sowie Misstrauen gegenüber allem, was mit Geld zu tun hat. Woher sollen sie den Glauben und das Vertrauen in irgendein Kapitalanlageprodukt nehmen? Wer garantiert ihnen, dass ein Versicherungsprodukt sicher ist oder dass eine Versicherung im Ernstfall tatsächlich schnell zahlt?

Für den Finanzdienstleister in unserem Beispiel muss sich vor diesem Hintergrund die grundsätzliche Frage stellen, ob unter diesen Bedingungen sein wichtigstes Produkt namens „Lebensversicherungen" auch künftig noch sein wichtigster Umsatzträger sein darf. Vielleicht muss er andere Leistungen hinzunehmen und ein völlig neues Produktpaket kreieren. Vielleicht ergibt sich aus diesen Überlegungen eine Dienstleistung, die es in dieser Form noch nicht gibt und die sich genau mit den Bedürfnissen der Menschen in der heutigen Zeit deckt. Vielleicht entdeckt er aber auch innerhalb der Versicherungen eine Nische, die noch niemand besetzt hat und für die er immer schon ein Faible hatte. Vielleicht findet er aber auch heraus, dass er „nur" seinen Verkaufsweg überprüfen und dort Korrekturen vornehmen muss; dazu sollte er sich bewusst machen, dass der Verkaufsweg länger ist, als gemeinhin angenommen wird: Zum Verkauf gehört die gesamte Argumentationskette, warum jemand welche Versicherung kaufen soll; folglich sind das gesamte Prospektmaterial sowie der Internetaufritt von eventuellen Korrekturen betroffen; weiterhin gehört das Schulungsmaterial zum Verkaufsweg und selbstverständlich die uneingeschränkte Bereitschaft seines Verkaufsteams, mit diesem Material, dem Produkt, dem Unternehmen zu arbeiten.

Erst wenn diese Fragen, die sich alle auf das „Innere eines Unternehmens" beziehen, beantwortet sind, wenn das Produkt definiert und das gesamte Verkaufsbroschüren-/Schulungs-/Informationsmaterial daraufhin überarbeitet worden ist, kann ein Teil dieser Arbeit nach außen getragen und in konkrete (Verkaufs-)Aktionen umgesetzt werden. Man kann auch sagen: Zuerst muss der (innere) strategische Teil der Arbeit geklärt sein, dann macht es überhaupt Sinn, ins Handeln zu gehen.

Den „Stress-Punkt" ansehen

Die aufgeführten Beispiele dienen der Skizzierung und sind keineswegs vollständig: Es soll die Notwendigkeit verdeutlicht werden, „von innen nach außen" zu arbeiten.

Der Begriff „arbeiten“ ist wörtlich zu nehmen, denn der hier skizzierte Weg verursacht eine Menge Arbeit und ist für alle Beteiligten anstrengend. Dies ist jedoch jedem bewusst, der einmal in seinem Leben einer Sache wirklich auf den Grund gegangen ist. Es ist notwendig, sich dies noch einmal zu verdeutlichen. Denn wir leben in einer Zeit, in der gerne Probleme weggeschoben werden – in Unternehmen werden sie delegiert, d.h. irgendjemandem auf den Schreibtisch oder auf die Werkbank gepackt. Viele Menschen haben den Satz verinnerlicht: „Ich will keine Probleme, ich will Lösungen.“ Schaut man genau hin, entdeckt man, dass dies bereits ein Teil des Problems ist.

Wenn man sich das skizzierte spezifische Bedingungsfeld bewusst macht, in dem sich der Ansatz der „Neuen Ethik“ bewegt, sollte man es beobachten, jedoch nicht übermäßig viel Aufmerksamkeit schenken. Es gehört zur Fragestellung und muss beobachtet werden – mehr aber auch nicht.

Eine weitaus interessantere und fruchtbarere Frage ist folgende: Wie geht man mit den Schwachstellen, Problemen, stresserzeugenden Punkten um, die beim Durchleuchten des Unternehmens aufgetaucht sind? Was sollte man tun?

Die Antwort ist scheinbar paradox: nichts. Wir sollen tatsächlich zunächst nicht handeln. Wir bleiben – innerlich und äußerlich! – stehen und betrachten den Stress-Punkt. Ganz in Ruhe.

Dabei beobachten wir, was alles in unserem Innern auftaucht. Das kann unendlich vieles sein und ist je nach Gemütslage, Temperament und objektiver Dringlichkeit individuell unterschiedlich. Dies sind bespielsweise Fragen und Zustände wie: Ich bin genervt – warum ist das so? Ich will schnell handeln, soll dies aber nicht – dabei wird das erkannte Problem doch noch viel größer! Ich bin unwillig, weil ich möchte, dass es vorangeht – es geht aber nicht voran. Warum muss ich immer weiter und tiefer fragen – wer garantiert mir, dass sich das für mich rentiert? Was soll das bringen? Wo liegt die Lösung? Und so weiter.

Wenn wir in diesem Zustand und an dieser Stelle sind, befinden wir uns in unserer Emotion. Einige Menschen fangen jetzt innerlich an zu kochen, manchen kriecht Panik ins Gemüt, andere bleiben äußerlich klar und kühl bei Verstand und sind innerlich heiß, wieder andere drängen die Fragen in den Hintergrund und sind dabei kalt und innerlich abgespalten von der Aufgabenstellung. Um jedoch ein gutes Ergebnis zu erzielen und zu einer tragfähigen Lösung zu kommen, sollte man sich bemühen, offenen Auges, mit wachem Verstand und ruhigem Herzen die Dinge anzusehen. Dann wird man wahrscheinlich bald feststellen, dass sich dieser Stress-Punkt unmerklich zu einer Linie erweitert.

An der Linie zwischen Emotion und Rationalität

Es ist in der Tat so: Wir stehen präzise an der Linie zwischen Emotion und Rationalität (vgl. Grundsatz 2: Qualität, dort „Die Bewertung" sowie „Wahrnehmung und Emotion"). Man kann auch sagen: zwischen Gefühl und Denken. An jener Stelle, wo das Gehirn die Aufgabe hat, emotionale Informationen zu verarbeiten und zur begrifflichen Klarheit zu bringen. Diese Aufgabe sollten wir dann auch dem Gehirn ganz klar zuweisen.

Tatsächlich begeben wir uns fast nie an diese Grenze, jedenfalls nicht bewusst – und schon gar nicht im Geschäftsleben.

Und wenn wir irgendwann zufällig dorthin geraten, vielleicht beim Glas Bier mit unserem besten Freund, vielleicht nach einem berührenden Theater- oder Konzertbesuch, vielleicht wenn unsere 16jährige Tochter uns ganz direkt etwas sagt, das wahr, jedoch für uns unangenehm ist, retten wir uns meistens ganz schnell ans scheinbar sichere Ufer der Rationalität. Dort spalten wir die Emotionalität ab und schlüpfen in die Intellektualität; unser Körper versteift sich, die Schultern rucken nach oben und bilden das Haltegerüst, jegliche Entspanntheit und damit der Zugang zur eigenen Emotionalität und der von anderen ist verschwunden. Die zweite Möglichkeit, von der wir häufig Gebrauch machen, ist die des Jammerns: Wir versinken in der Emotion. Dies nennt man dann Weltschmerz, manchmal auch Blues, manchmal Fado; körperlich sacken wir zusammen, kollabieren geradzu, lassen Kopf und Schultern hängen und haben keine Spannkraft mehr. Folglich haben wir irgendwelchen Einflüssen, die von außen an uns heranwollen, nichts mehr entgegenzusetzen und verschließen uns.

In beiden Fällen befinden wir uns nicht mehr an der Trennlinie, wir haben diese unsichtbare Grenze verlassen.

Das Stehenbleiben an der beschriebenen Nahtstelle ist schwierig. Aus vielerlei individuell immer zu rechtfertigenden Gründen, denen jeder nachspüren kann, will man das nicht. Wir wollen nicht nach links schauen und das Land, das sich uns dort zeigt, genau ansehen, und uns auch nicht nach rechts wenden und dort das Land bewusst wahrnehmen. Wir halten es nicht aus, auch nur eine kurze Zeit lang die eine Schönheit und gleichzeitig eine anders geartete Schönheit und gleichzeitig den Schmutz im Blick zu haben, links und rechts von und geradaus vor uns, alles gleichberechtigt anwesend.

Es fehlt uns meistens die Geduld, die Dinge so lange zu betrachten und innerlich wahrzunehmen, bis wir sicher wissen: Jetzt kann und muss ich meinen Schritt tun, jetzt kann und muss ich handeln. Doch wir müssen die Zusammenhänge verstehen: Die zeitliche Spanne von der klaren Identifizierung des Problems bis zum eindeutigen Handeln ist die entscheidende Phase für eine dauerhafte Lösung. Dieser Raum kann – insbesondere anfangs, wenn man sich diese Prozesse bewusst macht – eine gewisse Zeit in Anspruch nehmen; er kann jedoch auch ganz klein sein. Wichtig ist, was innerhalb dieser Phase geschieht: Dann, wenn sich Emotion mit dem Geist verbindet, wenn ein reger, möglichst offener Austausch zwischen beiden herrscht, kommt die Lösung von alleine. Sie taucht in uns auf und wir wissen, dass wir sie gefunden haben.

Eine kleine Betrachtung der „Komponente Emotion"

Wenn wir nicht an der Trennlinie stehen bleiben, wenn wir die „Komponente Emotion" außen vor lassen, treffen wir eine Entscheidung: Wir entscheiden uns dafür – bewusst oder unbewusst –, vollkommen rational unsere Wege gehen zu können.

Das ist schlicht ein Irrglauben.

Die Emotion, das Erleben, ist einer unserer wichtigsten Indikatoren dafür, ob Dinge stimmig sind. Die Emotion ist sogar eine der wichtigsten Komponenten wissenschaftlicher Arbeit – eben jener Tätigkeit, die sich rühmt, emotionslos, d.h. zeit- und ortsungebunden objektiv nachvollziehbar zu arbeiten; es führt an dieser Stelle zu weit, diese Tatsache ausführlich zu begründen. Die Emotion treibt uns an, Großes und Kleines zu tun. Und der hier skizzierte Ansatz, nach einem äußeren Impuls zuerst nach innen und von dort wieder nach außen zu gehen, ist auf die Emotion angewiesen. Nur dann, wenn man im Gemüt davon überzeugt ist, dass dieser Weg der richtige ist, wenn man mit Herzblut seine Dinge tut, wenn man andere immer wieder ermuntert, mitzugehen, wenn man Kraft darauf verwendet, die Begeisterung in sich und anderen zu wecken, kann sich Erfolg einstellen.

In der Emotion stecken viele weitere wertvolle Dinge, auf die jedoch hier nicht eingegangen werden kann.

Eine interessante Frage ist, warum wir uns überhaupt gegen die Emotion in Grenzsituationen sperren. Wahrscheinlich, weil wir es nicht gewohnt sind, Probleme, Schwierigkeiten, Störungen unserer Tätigkeiten auf die Weise aufzufassen und anzugehen, wie sie oben beschrieben wurde: in der Bewegung von innen nach außen. Für uns muss immer alles „funktionieren“ – schließlich haben sowohl die Dinge als auch die Menschen eine ihnen zugewiesene Funktion; Funktion findet im Äußeren statt. Und wenn etwas nicht glatt läuft, wenn es Störungen in Abläufen gibt, haben wir uns Systeme geschaffen, die diese Hindernisse beseitigen und den ursprünglichen Zustand so schnell wie möglich wiederherstellen. Alles „Reparieren“ und „Wiederherstellen der Funktion“ geschieht „von außen“; selbst Menschen, denen wir unser Innerstes anvertrauen, und solche, die uns erklärtermaßen helfen sollen, wenn es uns schlecht geht, nämlich Psychologen und Ärzte, verfahren nach dem äußeren Reparaturprinzip.

Wir sollten auch dies im Auge haben. Die Lösung für Fragen, die sich im Äußeren ergeben, liegt tatsächlich in der Verbindung von Emotion und Ratio, die jedoch nur durch die beschriebene Bewegung von innen nach außen geschehen kann.

Beispiel 2: die Unternehmensvision

Wir haben uns den „Weg von innen nach außen“ am Beispiel zurückgehender Umsätze eines Unternehmens angesehen. Dabei zwingt in der Ausgangssituation eine krisenhafte Lage ein Unternehmen zum Handeln.

Eine andere Form, den skizzierten Ansatz der „Neuen Ethik" als „Bewegung von innen nach außen" in einem Unternehmen konkret werden zu lassen, ist die Ausformulierung einer Unternehmensvision. In dieser Ausgangslage steht das Unternehmen in seiner Ganzheit auf dem Beobachtungs- und Prüfstand.

Häufig wird der Anlass für eine Beschäftigung mit einer Unternehmensvision von außen herangetragen. Es mag sein, dass Umsätze zurückgehen, dass der Markt sich ändert, neue Mitbewerber auftauchen, das eigene Wachstum plötzlich unerwartet groß wird und Kapital benötigt wird oder ein Gesellschafter ausscheidet. Solche Situationen erweisen sich oft als Zäsuren, an denen Fragen auftauchen wie: Was wird aus meiner Firma? Soll ich sie alleine weiterführen? Ist mein Partner bzw. Teilhaber verlässlich? Wie sieht die Zukunft der Firma aus?

Letztlich spielt der äußere Anlass zur Betrachtung, Überprüfung, Neuformulierung oder erstmaligen Auseinandersetzung mit den Unternehmenswerten und -zielen keine Rolle. Im Gegenteil: Diese Tätigkeit ist immens wichtig und sollte daher in regelmäßigen Abständen stattfinden.

Dabei ist es sinnvoll, dass der Unternehmens-Chef bzw. ein kleiner Kreis der Führungs-Crew sich – evtl. zusammen mit einem Berater – Gedanken über Gegenwart und Zukunft des Unternehmens macht. Stehen die Eckpunkte fest, die besprochen werden, sollte man die leitenden Mitarbeiter beispielsweise an einem Wochenende zu einem Workshop einladen. Auf diesem Seminar werden die Leitlinien des Unternehmens für die nächsten Jahre festgelegt.

Techniken zur Visualisierung

Ein paar Techniken zur Visualisierung bieten sich an: Auf dem Mitarbeiter-Workshop sagt man jedem eingeladenen Mitarbeiter, er möge seine Lieblingszeitungen und -zeitschriften mitbringen. Aus denen werden im Laufe der Erarbeitung Bilder zu den einzelnen Visionsthemen ausgeschnitten; die Fotos/Ausschnitte müssen so präzise wie möglich die Ideen zeigen; sie werden auf eine große Tafel geklebt. Am Ende des Workshops stehen dort, bunt gewürfelt, Bilder und teilweise auch große Überschriften-Wörter, welche alle skizzieren, wie das Unternehmen in fünf oder zehn Jahren aussehen wird.

Sollen beispielsweise neue Arbeitsstrukturen zugunsten von mehr Teamarbeit geschaffen werden, sind die Überschrift „Team“ und ein Bild, auf dem viele aufeinanderliegende Hände oder viele Menschen zu sehen sind, die sich an den Schultern halten, eine brauchbare Lösung. Auch plakative Stichwörter wie „Anders denken“ sind sinnvoll, genauso das Bild einer „Kantine“ oder eines „Kindergartens“. Selbst wenn der Vorstand meint, das Unternehmen müsse in zehn Jahren ein eigenes „Flugzeug“ haben, sollte dies visualisiert werden.

Die genannten Beispiele beschreiben unterschiedliche Ebenen der Unternehmensentwicklung. „Anders denken“ zielt auf innere Prozesse, auf den Willen, neue kreative Wege zu gehen; dazu muss man nicht nur die Produktentwicklungsabteilung motivieren und zurechtrücken, sondern alle Strukturen, Inhalte und Abläufe durchforsten. Denn „Anders denken“ bedeutet auch „anders akquirieren“, „anders Büromaterial einkaufen“, „anders nach innen und außen kommunizieren“, „anders gemeinsam feiern“.

Ist in der Vision von einem „Flugzeug“ oder von einer „neuen Firmenzentrale“ die Rede, sind das äußere Vorgänge, die selbstverständlich an innere Prozesse geknüpft sind.

Alle diese Implikationen sollten diejenigen im Kopf haben, die solche Workshops anleiten. Die Menschen, welche Unternehmen auf solchen und ähnlichen grundlegenden Wegen und Basisarbeiten begleiten, müssen mit Herzblut ihre Arbeit tun. Der langfristige Erfolg für alle Beteiligten hängt davon ab, wie weit und gründlich in die Tiefe gegangen wird und mit welcher Sorgfalt die zutage geförderten Ergebnisse gesichtet, verarbeitet und in unternehmensrelevante Prozesse umgewandelt werden.

Emotion und Rationalität

Während der Erarbeitungsphase einer Unternehmensvision bewegen sich Akteure wiederum entlang der Kante zwischen Emotion und Ratio. Die Vision ist getrieben von und wird befeuert durch die Emotion.

Dies drückt sich auf der Pinnwand in Bildern und Sätzen aus wie „Anders denken“. „Wir wollen anders sein“, steckt hinter diesen beiden Worten, „anders als unsere Mitbewerber; wir sind besser, kreativer, lebendiger als andere Firmen." Solche Gedanken und Sätze öffnen Herzen. Äußert sie – glaubwürdig, nicht als pure Phrase! – ein Unternehmens-Chef, nimmt er seine Mitarbeiter auf seinem Weg mit.

Anschließend muss dieses angestrebte Anderssein – die vielen visionären Gedanken – in die physische Realität überführt werden. Es ergeben sich konkrete Änderungen in Abläufen, in den Büros, in der Produktion, im Außendienst. Dies ist der Schritt in die Ratio, in das Denken und konkrete Umsetzen der Vision.

Die Sprache führt eine Vision in die Realität

Vor oder parallel mit dem Eintritt in die Realität braucht die Entwicklung einer Vision, um wirksam werden zu können, eine Komponente zur Verankerung der Gedanken in allen Mitarbeitern: das schriftliche Ausformulieren der Ideen und Ziele und sogar der konkreten Schritte.

Häufig sehen sich Unternehmen nicht in der Lage, auch dieses noch zu leisten. Sie machen gerne Schluss an jener Stelle, wo sie am Ende ihres Workshops eine Pinnwand mit vielen Bildern erarbeitet haben; bestenfalls wird die bunte Bilderwand in den Eingangsbereich oder in den Konferenzraum gehängt, damit jeder sie sehen kann.

Doch das reicht nicht. Erst das geschriebene Wort, der geschriebene Satz, die gründlich durchdachte Formulierung, der neue Begriff – letztlich erst die Sprache holt Visionen aus ihrem nebulösen emotionalen Raum und führt sie in die Realität.

Auch diesen Sachverhalt kann jeder ausprobieren. Man braucht sich nur an einem ruhigen Sonntagnachmittag hinzusetzen und aufzuschreiben, wo man beispielsweise in einem Jahr stehen möchte. Man wird die gute Erfahrung machen, dass das schriftliche Formulieren von Zielen zwar anstrengend ist, jedoch den Dingen eine ungeahnte Kraft verleiht. Es gibt übrigens Berater und Vortragsredner, die genau dies ihren Kunden vermitteln und mit diesem Geschäftsmodell viel Geld verdienen ...

Man kann seine eigenen Kategorien formulieren, z.B. Beruf, Privates, Hobbys, und für jede Kategorie seine Ziele aufschreiben. Genauso kann man Ziele für die folgenden und ähnliche Fragen formulieren: Welche Bücher möchte ich unbedingt in den nächsten zwölf Monaten lesen? Welche Menschen will ich im nächsten Jahr kennenlernen? Habe ich dabei eine Absicht? Oder: Habe ich mit meinem Hobby, Bienen zu züchten, irgendwelche weiterführenden Pläne? Möchte ich mich in den nächsten zwölf Monaten in meiner Gemeinde besonders engagieren? etc. Und wenn man bei dieser Beschäftigung mit der eigenen Wertetabelle zu der Erkenntnis gelangt, dass man bestimmte Bereiche nicht mit Zielen belegen möchte, ist das ein wertvoller Gedanke!

Wertschätzung der Vision im Unternehmen

Zurück zum Unternehmen. In dem Moment, wenn man die Dinge niederschreibt oder wenn man die niedergeschriebenen Gedanken liest, spürt man die Verbindlichkeit, die in dem geschriebenen Wort liegt. Genau aus diesem Grunde ist es für ein Unternehmen wichtig, seiner Vision großes Gewicht zu geben.

Sie muss ausformuliert werden, der Vorstand muss sich Zeit für Details nehmen.

Am Ende dieses Prozesses kann man die ausformulierte Vision – mit den von den Mitarbeitern erarbeiteten Bildern – in einer kleinen Broschüre zusammenfassen; man kann sie auf einem Plakat zeigen und dies in der Firma aufhängen, man kann sie in der Firmenbroschüre abdrucken, auf einer Mitarbeiterversammlung in einem feierlichen Festakt allen Mitarbeitern vorstellen und erläutern. Letzteres kann man sogar von einem Prominenten machen lassen, der der Firma sehr nahe steht, bei dem jeder Mitarbeiter spürt, dass es eine Ehre für diese Person ist, diese Vision präsentieren zu dürfen. Mit anderen Worten: Jedem Beteiligten muss klar werden, wie hoch die Unternehmensvision von allen wertgeschätzt wird.

Weite und Fokus, Allgemeines und Spezielles

Ein Hinweis zu Bewegungsprozessen während der Erarbeitung einer Vision.

Sobald man sich ernsthaft mit Künftigem beschäftigt, denkt man gleichzeitig über den Status quo nach. Es findet ein permanenter Abgleich zwischen dem aktuellen Zustand und den in der Zukunft liegenden Zielen statt. Idealerweise hat man beides im Blick: einerseits den gesamten Status quo – das ist das Allgemeine; dazu muss man den Blick weiten und alles, was geschieht, auf allen Ebenen erfassen; andererseits braucht man die Fokussierung auf ein Ziel – das ist das Spezielle; jedes Spezielle kann bei der näheren Beschäftigung mit ihm den eigenen Charakter wandeln und zum Allgemeinen werden, aus dem spezielle Aspekte herausgegriffen und – im Fokus – bearbeitet werden.

Die große Kunst ist, beide Prozesse parallel ablaufen zu lassen. Im vollen Bewusstsein des Ist-Zustandes bleibt das Ziel deutlich sichtbar und verschwindet nicht hinter dem Horizont. Und im Fokussieren bleibt man im Gefühl der Weite für die gegenwärtigen Aufgaben, es dominieren nicht Enge und Konzentration die gefühlte Weite.

Diese Vorgänge sind Prinzipien von Wahrnehmung und Bewegung, sie spielen auf vielen Feldern unseres Bewusstseins eine Rolle.

Während der Arbeit der Entwicklung einer Unternehmensvision befinden sich alle Beteiligten, befindet sich mitunter die gesamte Firma auf dem „Weg nach innen“, in den Fokus, um dort Klarheit herzustellen, um dann aus dieser Gerichtetheit wieder in die Weite zu gehen und die Ergebnisse auf „den Weg nach außen“ zu bringen. Auch dabei gibt es immer wieder das Wechselspiel von Fokus zur Weite und umgekehrt.

Das bedeutet: Das Prinzip der Bewegung von innen nach außen ist keineswegs starr, sondern wechselt permanent pulsierend die Betrachtungs- und Handlungsebenen.

Ein produzierendes Unternehmen, eine Bank, ein Dienstleister, ein Selbstständiger – jeder Wirtschaftsbetrieb ist ein lebendiges Gebilde. Jede dieser Organisationen steht immer wieder vor Fragen, die eine Bewegung von außen nach innen und wieder nach außen notwendig machen. Das Management bzw. die Geschäftsleitung sollte es sogar zur Aufgabe erklären, mehr oder weniger regelmäßig solche Prozesse mit den damit verbundenen Fragen zu initiieren. Auf diese Weise bleibt ein Unternehmen in Bewegung, ist flexibel, dabei jedoch nicht aufgelöst, sondern stark im Innern – und man kann ziemlich sicher sein, mit seinen Produkten, seinen Strukturen auf der Höhe der Zeit zu laufen.

Zusammenfassung, Übungen

- Eine Bewegung, also etwas äußerlich Sichtbares, beginnt immer im Innern – einer Struktur, eines Unternehmens, einer Person.
- Wenn sich an einer sichtbaren Stelle Veränderungen, Schwierigkeiten, neue Entwicklungen zeigen, ist dies immer Ausdruck eines zugrundeliegenden Vorganges.
- Soll die Ursache eines Problems verstanden werden, sollte man an der Linie zwischen eigener Emotionalität und Rationalität stehen bleiben und beobachten, was dort geschieht. Die Antwort wird sich in kurzer Zeit zeigen – in den eigenen Ideen und Gedanken, aber auch in äußeren (Re-)Aktionen.
- Dies sollte man trainieren. Dazu ist es sinnvoll, einen Platz zu suchen, wo der Horizont zu sehen ist: zum Beispiel in einer flachen Landschaft, am Meer, oder auf einem Berggipfel. Dort den Horizont beobachten, entspannt, mit einer gewissen Straffheit im Körper, aber nicht angespannt, nicht schlaff werdend. Man sollte eine Frage formulieren, beispielsweise: Ich möchte wissen, wie es mir im Gemüt geht, wie ich mich fühle, wenn ich den Horizont eingehend betrachte (Emotion); ich möchte das Gefühl beschreiben können (Ratio). Dabei innerlich ein kleines Stück zurücktreten, als beobachte man sich beim Betrachten des Horizonts. Als Nächstes versuchen, das, was sich innerlich zeigt, in Worte zu fassen. Wahrscheinlich werden beim ersten Mal nicht viele Worte auftauchen. Aber diese Übung, die Frage an sich selber, fällt immer leichter, und je häufiger man sie macht, umso besser und schneller kommen Antworten.
- Jede Unternehmensvision sollte von der Unternehmensleitung so gestaltet sein, dass sie für die gesamte Firma eine „Bewegung von innen nach außen“ wird. Man braucht diesen Prozess nicht so zu bezeichnen, man sollte dies nur bewusst tun.
- Weite und Fokus gehören zusammen. Es macht sich über kurz oder lang bezahlt, beides zu trainieren, mit beidem zu spielen. Zum Beispiel so, indem man seinen Blick konkret auf einen Gegenstand richtet, ihn in den Fokus nimmt; dabei sollen die links und rechts im Augenfeld liegenden und geschehenen Dinge eben-

falls wahrgenommen werden. Man kann mit der Konzentration spielen: Mal liegt diese in der Breite, ohne den bestimmten Gegenstand aus den Augen zu verlieren – und umgekehrt.

- Wichtige Dinge sollten aufgeschrieben werden – auch eine Unternehmensvision.

Grundsatz 2: Qualität

PIMS: Qualität korreliert mit Geschäftserfolg

Das Strategic Planning Institute veröffentlicht jährlich seine PIMS-Studie (Profit Impact of Market Strategy = Der Einfluss von Marktstrategie auf den Gewinn). Darin wird beschrieben, welche Schlüsselfaktoren für den wirtschaftlichen Erfolg von Unternehmen verantwortlich sind. Eines der Ergebnisse: Die Qualität eines Produktes, und nicht etwa der Preis, hat die höchste Korrelation mit dem Geschäftserfolg. Als Gründe werden u.a. höher erzielbare Preise – insbesondere bei Premiumprodukten – genannt, weiterhin eine größere Kaufbereitschaft bei qualitativ hochwertigen Leistungen und schließlich die geringen Reklamationskosten. Unterm Strich würde die Verkaufsmenge steigen und dadurch der Marktanteil.

Zahlreiche Bücher und wissenschaftliche Untersuchungen unterstreichen diese auf empirischer Basis gewonnenen Aussagen. Unternehmer bzw. Produzenten und Konsumenten sind sich einig: Die Qualität von Produkten und Dienstleistungen steht ganz obenan.

Wenn man sich mit dem Begriff der Qualität etwas intensiver auseinandersetzt, stellt man fest, dass zunächst eine Reihe von Fragen auftauchen. Zum Beispiel: Was ist Qualität? Ist sie ein Urteil über eine Leistung? Und ist sie damit vielleicht gleichzusetzen mit „gut"? Gibt es „schlechte Qualität"? Ist Qualität eine Bezeichnung für einen Zustand, also etwas, das sich nicht ändert und damit statisch ist? Oder beinhaltet der Begriff mehrere Bedeutungen?

Einerseits kommt offenkundig dem Faktor Qualität große Bedeutung zu, jeder scheint zu wissen oder im Gefühl zu haben, was damit gemeint ist, andererseits wirft der Begriff zahlreiche Fragen auf. Was hat es mit Qualität auf sich?

Es gibt unterschiedliche Zusammenhänge, in denen von ihr die Rede ist.

Qualität eines Urteils

In der traditionellen Logik findet sich dazu der aristotelische Ansatz, entwickelt im vierten vorchristlichen Jahrhundert. Dieses Denkgebäude spielt für unsere Überlegungen keine Rolle und wird daher nur der Vollständigkeit halber erwähnt. Die genauen Zusammenhänge können bei Interesse nachgelesen werden – dazu die folgenden Hinweise.

Im Zentrum steht das kategorische Urteil (Grundaussage), eine sog. atomare Aussage, die aus einem Satz besteht (als Beispiel dafür gilt „Alle Menschen sind sterblich"). Ein weiterer wichtiger Begriff in diesem Zusammenhang ist der Syllogismus, das ist die Bezeichnung eines sogenannten logischen Schlusses nach festgelegten Typen logischer Argumente. Für die Gültigkeit von kategorischen Urteilen und Syllogismen gelten feste Regeln, u.a. für die Quantität und Qualität – gemeint sind Häufigkeit und Art – der in ihnen vorkommenden Begriffe.

Das Schachspiel

Eine ganz andere Auffassung von Qualität gibt es im Schach; wir führen sie der Vollständigkeit halber auf. Die Spielfigur des Turmes beispielsweise gilt aufgrund ihrer Bewegungsmöglichkeiten als wertvoller als die eines Läufers, hat also eine hohe Qualität. Tauscht man einen eigenen Läufer, also eine sogenannte Leichtfigur, gegen einen gegnerischen Turm, erzielt man einen Qualitätsgewinn. Beim Schach spricht man auch von Qualitätsverlust, sogar von Qualitätsopfer.

Die Produktion

Schließlich ist in fast allen modernen Produktionszusammenhängen von Qualität die Rede. So gibt es ISO- und IEC-Normierungen und -Definitionen. Es werden die Maße und Materialspezifikationen bestimmter Produkte festgelegt – man bezeichnet sie mit Qualitätsnormen. Dann sollen definierte Arbeitsabläufe in vorgegebenen Zeitrahmen erledigt werden; gelingt das, gilt das als ein Zeichen von Qualität. Ferner spricht man von Qualitäts- und Total-Quality-Management, das sich auf singuläre Produktionsabläufe, auf Abteilungen und auch auf komplette Unternehmen erstrecken kann. Viele dieser dahinterliegenden Tätigkeiten – Planung, Steuerung, Durchführung, Kontrolle – begreifen Qualität als eine Größe, die man nummerisch erfasst (in festgelegter Zeit bestimmte Tätigkeiten von definiertem Umfang mit vorgegebenem Ergebnis machen).

Der allgemeine Sprachgebrauch

Es gibt auch die Idee von Qualität als allgemeinem Wertmaßstab. Man spricht beispielsweise von Qualitätsarbeit. Wir haben ferner den Qualitätsmanagementbeauftragten im Sprachgebrauch, einen Qualitätsfachmann, einen Qualitätsingenieur und -manager, wir legen Wert auf Qualitätssicherung, es gibt die Deutsche Gesellschaft für Qualität.

Zusammenfassend lässt sich feststellen, dass fast alle diese Bedeutungen und Systeme eines gemein haben: Sie fassen Qualität als etwas auf, das sich auf Äußeres bezieht, auf begriffliche Trennungen, auf strategische Gewinne oder Verluste, auf Abläufe, Produktionsprozesse, Dienstleistungen, Produkte. Dies alles lässt sich beobachten, anfassen, bewegen, nummerisch erfassen, mit definierten Vorgaben abgleichen.

Qualität innen und außen

Der Fokus dieses Buches liegt auf einem neuen Verständnis unternehmerischen Handelns, einem Verständnis, das immer wieder die „Bewegung von innen nach außen" sucht. Das gilt auch für den Begriff der Qualität. Wir möchten uns ihrem Phänomen grundsätzlich nähern.

Qualität ist abgeleitet vom lateinischen Wort „qualitas": Beschaffenheit, Merkmal, Eigenschaft, Zustand. Im Deutschen beziehen wir dies auf (1) die Eigenschaften eines Objekts, eines Prozesses und (2) die Güte dieser Eigenschaften. Das Erste ist die Zustandsbeschreibung, das Zweite die Bewertung des Beschriebenen.

Die Bedeutung für Unternehmen

Alle diese Überlegungen müssen gemacht werden, um eine Sortierung von Begrifflichkeiten und Bedeutungen zu erzielen. Dies gilt insbesondere dann, wenn das Qualitätsphänomen mit unternehmerischem Handeln zusammengebracht werden soll. Wie kann Qualität in Unternehmen funktionieren?

Die Antwort liegt auf der Hand: Beide Bedeutungen – die Zustandsbeschreibung und die Bewertung – müssen als gleichwertig aufgefasst und realisiert werden. Ein Unternehmen, eine Handwerksbetrieb, ein Arzt, ein Rechtsanwalt, ein Angestellter, ein Selbstständiger – wenn jeder von ihnen mit dem, was er macht, Qualität erzeugen will, muss er seinem Produkt bestimmte (1) Eigenschaften sowie diesem eine bestimmte (2) Güte verleihen. Er muss in der Lage sein, die Eigenschaften zu beschreiben, zu bezeichnen und zu bewerten.

Die Bewertung ist wie ein Gefäß, das einen Inhalt braucht, damit es seinen Sinn bekommt und diesen erfüllen kann. Ein Krug ohne Inhalt, zum Beispiel Wasser, ist ein Dekorationsstück, nicht jedoch ein Behältnis, das benötigt wird, um einer Flüssigkeit Halt zu bieten, um diese anderen Menschen beim Eingießen zugänglich zu machen etc.

Die Zustandsbeschreibung kann man sich als den Inhalt vorstellen, der den Krug füllt. Das Wasser benötigt eine Form, einen Krug, eine Schale: Darin wird es aufgefangen und kann weiterer Verwendung zugeführt werden – auch einer Bewertung. Fehlt dieses Gefäß, zerfließt das Wasser unkontrolliert.

Ähnlich ist das Verhältnis von Zustandsbeschreibung und der Bewertung des beschriebenen Zustands. Eine Zustandsbeschreibung für sich alleine genommen ist ein technischer Akt, eine Art Fingerübung: Sie beschreibt möglichst präzise zunächst die pure Erscheinung – einen Gegenstand, einen Ablauf, eine Bewegung, bestimmte Prozesse. Nicht weniger, aber auch nicht mehr. Ließe man sie alleine für sich stehen, zerflösse sie im Sprachmeer vieler weiterer Zustandsbeschreibungen. Erst die Bewertung rückt sie in unser Blick-, Empfindungs- und Erlebensfeld.

Daher gibt die Bewertung der Zustandsbeschreibung eine Relevanz für unser Leben, für eine kleine konkrete Situation oder eine Vielzahl von Situationen oder Abläufen bis hin zu einem komplizierten Gebilde wie einem Unternehmen. Die Bewertung wirkt wie ein aufnehmendes Gefäß für die Zustandsbeschreibung.

Die Zustandsbeschreibung

Schauen wir uns die beiden Seiten genauer an, stellen wir fest, dass alleine die bloße Zustandsbeschreibung eines Gegenstandes ziemlich schwierig ist. Alle Qualitäten eines Gegenstandes, eines Systems, eines Prozesses wollen erfasst und in Sprache gebracht werden. Dazu zählen sowohl die unmittelbare Beschaffenheit, alle äußeren

Merkmale, als auch die Eigenschaften, die Zustände – also sämtliche sichtbaren und unsichtbaren Prozesse.

Obwohl Beispiele nie präzise sind, versuchen wir die Überlegungen am Gegenstand einer Vase zu verdeutlichen. Die äußeren Merkmale sind die Höhe, der Umfang, der Durchmesser am Boden, in der Mitte und am oberen Rand, das Raumvolumen; es gehören ferner dazu das Material, die Art der Oberfläche, die Farbe, ein mögliches Bild oder Muster.

Bei den Eigenschaften und Zuständen wird es schwieriger; dieser Bereich wird übrigens gerne ins Unendliche ausgeweitet und diskutiert, sodass man irgendwann nicht mehr weiß, wo man mit seinen Überlegungen gestartet ist und wo man im Grunde hinwollte. Wir gehen den pragmatischen Weg: Eine Eigenschaft bezeichnet ein wesenhaftes – und damit „inneres“ – Merkmal, in unserem Beispiel ein Merkmal, das zum Wesen unserer Vase gehört. Was ist das Wesen einer Vase? Bei der einen Vase mag die moderne Form zum Wesen gehören, bei der anderen die Tatsache, dass sie nur sehr wenig Wasser fassen kann. Zum Wesenhaften gehört auch das Gefäßhafte, die Idee eines Gefäßes; dies kann mal ausgeprägter vorkommen – sich zum Beispiel äußerlich als dickbauchige gedrungene Vase zeigen –, es kann ebenso schmal und hoch erscheinen.

Zu den Eigenschaften zählen auch die Wirkungen: Wie wirkt ein Gegenstand auf uns, im Raum? Wenn wir versuchen, die Wirkungen einer Vase auf uns Menschen zu erfassen, stellen wir fest, dass wir ziemlich hilflos sind: Wir bewegen uns auf ein Feld zu, wo Prozesse für unsere Augen unsichtbar ablaufen, obwohl sie vorhanden sind und obwohl sie sichtbare Wirkungen, Spuren erzeugen.

Ein solches Denken ist uns fremd. Wir müssen uns jedoch diesem Bereich nähern, wenn wir ein neues Denken und Handeln ins Unternehmerische fließen lassen möchten: Denn auf diese Weise erarbeiten wir uns ein geistig-begriffliches Instrumentarium, um damit die Folgen unseres Denken und Handelns präzise begreifen und beurteilen zu können.

Ist diese oben aufgezeigte Beschreibung des Wesenhaften ausreichend? Mit Sicherheit nicht. Sie sollte uns aber eine Idee davon geben, in welche Richtung man sich gedanklich bewegen muss. Dabei darf man sich nicht davon ermutigen lassen, dass irgendwelche Aspekte nicht komplett einbezogen wurden: Dies ist ein Prozess, der je nach Anforderung vertieft werden kann.

An dieser Stelle schält sich etwas anderes heraus und wird langsam deutlich: Wenn wir die Qualität einer Sache über die (notwendige) Zustandsbeschreibung erfassen wollen, tun wir uns bereits an dieser Stelle sehr schwer. Wir erfahren, dass es tatsächlich unmöglich ist, die reinen Fakten, die puren Zustände zu erfassen. Daher gibt es schon an diesem Punkt kein neutrales Beschreiben von Qualität.

Hier liegen übrigens die Grenzen des modernen naturwissenschaftlich-materialistischen Wissenschaftsbegriffes, der unser aller Leben – Denken, Fühlen, Weltbetrachtung – bestimmt und für die meisten Menschen zum umfassenden Lebensentwurf geworden ist. Die Erweiterung dieser Auffassung – im Rahmen des hier dargelegten Ethik-Entwurfes – sagt, dass die Fakten/Eigenschaften immer an Wirkungen geknüpft sind, ihnen somit Bedeutungen innewohnen und dass sie daher unserer Bewertung unterliegen müssen.

Indem wir dies begreifen und in unser Handeln nach und nach einbeziehen, indem wir die Wirkungen der Fakten erkennen und damit die Bedeutung von Fakten und damit die Pflicht zu ihrer Bewertung, übernehmen wir tatsächlich Verantwortung – und zwar für uns selbst.

Die Bewertung

Kommen wir zur Bewertung. Wir sagen, dass erst die Bewertung von Sachen, Zuständen oder Prozessen etc. durch ein Individuum den Dingen ihre Relevanz für dieses Individuum verleiht. Durch die Bewertung holen wir die Dinge in unseren persönlichen Raum und geben ihnen eine individuell begründete Bedeutung. Und dadurch werden sie aus der Vielfalt alles dessen, was ist, was täglich, stündlich, minütlich neu entsteht und auf uns einstürmt, herausgehoben und für uns zu einer Option: Aus der Bewertung erwächst Relevanz, daraus erwachsen Möglichkeiten.

Es stellt sich die wichtige Frage nach der Bewertung: Wie bewertet man? Gibt es Kriterien oder „Werkzeuge“ für eine Bewertung? Es müssen sozusagen „innere“ Werkzeuge sein, wir befinden uns in der

„Bewegung von innen nach außen": Wir holen uns gleichsam den zu erfassenden Gegenstand, dessen Qualität uns interessiert, in unser Inneres, setzen uns bewertenderweise mit ihm auseinander und geben ihn dann wieder nach außen.

Wir können feststellen, dass die Emotion ein wichtiger innerer Indikator für die Bewertung ist. Sie befindet sich in unserem Innern an der Grenze zwischen äußerer Welt – diese liefert uns die Eindrücke und Ereignisse – und unserer Körperlichkeit (vgl. Grundsatz 1: „An der Linie zwischen Emotion und Rationalität").

Auf welche Weise wirkt die Emotion auf unsere Körperlichkeit? Nehmen wir etwas Äußeres sinnlich oder auch sogar „nur" unsinnlich wahr (also etwas Unsichtbares, wie eine leise Stimmung), reagiert die Emotion. Sie bewirkt, dass wir beispielsweise bei Gefahr Adrenalin in unseren Körper ausschütten und uns damit schmerzunempfindlich machen, in unstimmigen Situationen kann sie Übelkeit hervorrufen, in anderen Fällen mitunter schwere Erkrankungen. Umgekehrt lässt uns eine emotionale Hochstimmung Berge versetzen.

Die Emotion ist wortwörtlich blitzschnell, viel schneller als das Denken, dazu noch hochpräzise. Der Grund dafür liegt in ihrer Natur: Die Emotion funktioniert nicht-linear, das Denken weitgehend linear. Beim Denken arbeiten wir die Dinge Stück für Stück nacheinander ab; dabei können durchaus einige wenige Denkstränge nebeneinander laufen. Die Emotion jedoch erfasst die Dinge auf vielen Ebenen gleichzeitig; dadurch ist sie in ihrer Wahrnehmung um ein Vielfaches genauer als das pure Denken. Um einen Vergleich zu wählen: In der Fotografie gliche das Denken dem zweidimensionalen Bild, die Emotion einer mindestens fünfdimensionalen Abbildung.

Es gilt zu verstehen, dass auch hier beides zusammengehört, das Denken und die Emotion. Keines von beiden ist in irgendeiner Weise besser oder schlechter.

Wahrnehmung und Emotion

Wahrnehmung und Emotion liegen eng beieinander: Wir sehen, hören, riechen oder fühlen etwas und sind emotional berührt. Andererseits sind emotionale Regungen nicht automatisch an Wahrnehmungen geknüpft, sondern können auch durch pure körperliche

Sensationen ausgelöst werden; wir können z.B. durch bestimmte körperliche Bewegungen – beispielsweise durch einfaches Hüpfen – unser Gemüt positiv beeinflussen.

Wie steht es um das Denken? Meistens verknüpfen wir unser Denken automatisch mit unserer Emotion, obwohl beide nichts miteinander zu tun haben. Das Denken, das unser Gehirn leistet, ist Informationsverarbeitung – warum verkuppeln wir es fast immer mit der Emotion?

Bekommen wir es jemals voneinander getrennt? Die Meditation ist hierfür ein äußerst geeigneter Weg, um dies zu üben.

Wenn man sich damit beschäftigt, kann das zum großen Vorteil werden: Wir können es schaffen, mithilfe des Denkens unsere Emotionen – gleichsam von außen – zu betrachten; wir können tatsächlich erkennen, wie und warum welche Emotionen entstehen.

Die Kontaktaufnahme mit der sogenannten äußeren Welt, die uns sichtbar gegenübersteht, erfolgt dadurch, dass wir dem Wahrgenommenen einen Begriff geben: Wir nennen eine Blume „Rose" oder „Tulpe". Dies ist notwendig, denn erst der Begriff – im Zusammenspiel mit der Emotion – schafft in uns die Verbindung mit dem Wahrgenommenen, mit der Welt. Die Bildung des Begriffs geschieht auf der Denkebene. In den meisten Situationen geschieht dies unbewusst, extrem schnell, sehr präzise, tagtäglich unzählige Male; aber es gibt auch zahlreiche Situationen, wo wir uns erst diese Zusammenhänge bewusst machen müssen, wo wir Mühe haben, den Begriff zu finden.

Die Frage, die sich uns also immer stellt, lautet: Ich sehe etwas bzw. ich nehme etwas wahr – und was ist das? Eine weitere Frage lautet: Was sagt mir das Wahrgenommene? Permanent läuft in uns der Prozess der Zustandswahrnehmung, Beschreibung und Bewertung.

Das Fragen beginnt in früher Kindheit und begleitet uns durch unser Leben. Die Anzahl der gelernten Begriffe nimmt täglich zu. Mit steigendem Alter, mit Entwicklung von Bewusstheit und Bewusstsein sollte die Überprüfung ebenfalls wachsen, ob Begrifflichkeiten tatsächlich das bezeichnen, was sie vorgeben zu bezeichnen – insbesondere dann, wenn der Konsens über Bedeutungen zwischen vielen Menschen sehr groß ist. Dann gewinnt die zweite Frage („Was sagt mir das Wahrgenommene?") an Bedeutung: Stimmt die eigene Wahrnehmung mit dem Begriff, den wir dafür haben, überein, fragen wir uns. Dabei kommt wieder die Emotion, eine Art Kontrollfunktion ausübend, ins Spiel.

Der Begriff stellt also eine Beziehung her zwischen dem Objekt (außen) und dem Subjekt mit seiner Emotion und seinem Denken (innen).

Wenn wir die obige Frage nach „Bewertungswerkzeugen" beantworten wollen, können wir sagen: Erst, wenn wir den Begriff klar haben – und damit eine innere Beziehung zwischen (äußerem) Objekt, (innerer) Emotion und (innerem) Denken hergestellt haben –, können wir die Frage nach der Relevanz von Geschehnissen für uns klären. Und erst dann können wir zu einer Beurteilung bzw. Bewertung kommen. Das damit gefundene Urteil, die auf diese Weise erarbeitete Bewertung, eröffnet uns den Raum zu Möglichkeiten.

Diese Tatsachen haben große Bedeutung, Ihre Durchdringung gehört zu den großen Herausforderungen unserer Zeit: Denn wir werden überflutet mit Informationen, Eindrücken, Geschehnissen und sind gezwungen, uns permanent diesen Bedingungen zu stellen. Dies schaffen wir aber nur, ohne krank zu werden, wenn wir lernen, klar zu erkennen, welche Geschehnisse für uns von Bedeutung sind, wenn wir über deren Bewertung zu einer inneren Haltung und zu der Vielzahl an Möglichkeiten kommen, die sich uns nach unserer Bewertung eröffnen.

Jeden Tag laufen diese Prozesse tausendfach ab, in jedem von uns, in jeder Begegnung mit anderen. Wissen wir bewusst, was geschieht? Meistens nicht. Wir äußern uns zu früh, zu schnell, zu unpräzise; der angebliche Zeitdruck sorgt dafür, dass wir nicht abwarten wollen.

Bei allen diesen Überlegungen stellen wir fest: Wir bewegen uns immer wieder entlang der Grenzlinie zwischen Emotion und Denken. Offenbar passiert dort mehr, als uns bewusst ist (vgl. Grundsatz 1: „An der Linie zwischen Emotion und Rationalität").

Qualität in Unternehmen

Wir sind einen weiten Bogen gegangen, um uns dem Begriff der Qualität zu nähern. Wir wollten wissen: Was bedeutet Qualität im

Zusammenhang mit unternehmerischem Handeln?

Wichtige Hinweise lieferte die PIMS-Studie (vgl. oben, Beginn dieses Kapitels): Qualität ist für einen Käufer ein zentrales Kaufargument.

Die Frage für Unternehmen lautet: Wie schaffe ich es, dauerhaft Qualität zu produzieren? Zusammenfassend können wir sagen, dass bei der Beschreibung dessen, was Qualität ist, Rationalität und Emotion zusammentreffen müssen. Es reicht also nicht, einen Katalog von Handlungen und/oder Vorschriften abzuarbeiten – das wäre die rationale Ebene –, um Qualität zu produzieren. Es reicht auch nicht, einen solchen Katalog in Form von „Zielbeschreibungen" von Produktions- und/oder Verwaltungs- und/oder Dienstleistungshandlungen zu erstellen – alles muss permanent unseren Wertungen unterzogen werden.

Diese Erkenntnis hat weitreichende Folgen. Ein paar Beispiele: Qualität in einem Unternehmen bezieht sich einerseits auf den gesamten Betrieb, auf alle Abläufe und Erzeugnisse; alles soll überall und immer „gut" sein, „gut" gemacht werden. Um dies tatsächlich real werden zu lassen, muss die Qualität andererseits definiert werden: Qualität in Bezug auf was? Das fängt in einem Hotel beim Portier an: Ein guter Portier ist derjenige, der auf eine bestimmte Art gekleidet ist, sich höflich benimmt, zuvorkommend ist etc. Oder: Qualität in der Telefonzentrale eines Unternehmens zeigt sich in einer definierten Form der Abwesenheitsansage auf dem Band, in einer angenehm klingenden Wartemelodie etc.

Die Kriterien für „Qualität im Unternehmen XY" ließen sich in langer Reihe fortsetzen. Da geht es um die Art des Umgangs der Mitarbeiter miteinander, den Zeitpunkt des Verschwindens des Chefs ins Wochenende, die Form von Personalgesprächen und dabei das Selbstverständnis von Verantwortlichen, das Selbstverständnis und den Handlungsspielraum des Rechnungswesens; da geht es auch um die Produkte, die Ansprüche des Vertriebs, die Strukturierung und inhaltliche Ausgestaltung des Mahnwesens, die Investition des erwirtschafteten Kapitals etc.

Wer also von Qualität in einem Unternehmen spricht, muss dies immer konkret tun: Qualität in Bezug auf ein bestimmtes (Roh-)

Material beim Einkauf, in Bezug auf einen bestimmten Vorgang, in Bezug auf definierte Abläufe etc.

Um die tiefgreifenden Folgen deutlich zu machen, die ein Bekenntnis zu Qualität haben kann, konstruieren wir ein Beispiel (es ist uns tatsächlich in ähnlicher Form in verschiedenen Unternehmen begegnet): Ein Chef geht regelmäßig Freitagmittag ins Wochenende, während die Belegschaft bis 17 Uhr arbeiten muss.

Die Zustandsbeschreibung fällt in diesem Falle leicht.

Wie sieht es mit der Bewertung dieses Sachverhalts aus? Wie oben erläutert, kommt der Emotion bei der Bewertung große Bedeutung zu.

Nehmen wir an, der Chef spürt, dass irgendetwas in seiner Firma nicht glatt läuft. Er bekommt einen Wink von einem guten Freund, und er stellt sich daraufhin die Frage, ob die Art und Weise, wie er sich im Unternehmen verhält, wie er seinen Mitarbeitern gegenüber auftritt, tatsächlich in Ordnung ist. Leistet er selber das, was er von ihnen verlangt? Während er viele Situationen überdenkt, kommt er auch an die Stelle seines regelmäßig frühen Verlassens der Firma ins Wochenende. Er prüft sich, vergegenwärtigt sich die Situation – und fühlt sich plötzlich unwohl. Ihm fallen Bemerkungen seiner Angestellten dazu ein, die er in der Kantine zufällig aufgeschnappt hat. Und auch auf der letzten Betriebsfeier warf ihm sein Kompagnon eine Bemerkung zu, die er damals abgetan hat, die ihm jetzt wieder in den Sinn kommt. Sein Unwohl-Fühlen nimmt zu.

Nun beginnt er, sich innerlich zu rechtfertigen. Nach einiger Zeit sortiert er seine Gedanken. Und irgendwann gesteht er sich stillschweigend ein, dass sein Verhalten, früh ins Wochenende zu fahren, nicht angemessen ist. Im Gegenteil: Er spürt, dass er sich über seine Mitarbeiter aus unterschiedlichen Gründen erhebt.

Dann geht er noch ein Stück weiter und forscht nach den Gründen dafür und realisiert irgendwann, dass er das Bild eines Unternehmers in sich trägt, das es ihm erlaubt, sein Verhalten fast willkürlich täglich neu auszurichten: Je nach Laune gibt er sich freundlich, zugewandt, verständnisvoll – oder das glatte Gegenteil davon. Dieses innere Verständnis seiner eigenen Arbeit, die in seinen Augen sowieso unterbewertet ist und von niemandem hoch genug eingeschätzt wird, führt dazu, sich viele Freiheiten herauszunehmen, die er anderen nicht zugesteht.

Wir machen an dieser Stelle einen Schnitt und analysieren: Alle diese Erkenntnisse des Chefs treten einzig durch seine Emotion zutage. Sobald dem Gemüt der Raum gegeben wird, solche Dinge an die Oberfläche treten zu lassen, ergreift es die Gelegenheit und spült sie hoch. Das Denken sollte sich anfangs bei solchen Prozessen im Hintergrund halten, denn fast immer will es die Emotion reglementieren und behindern – geben wir dem Denken an dieser Stelle zu viel Raum, dringen wir nicht tief genug in die Zusammenhänge ein. Das Denken hat später genug zu tun, wenn es darum geht, die Dinge und Erkenntnisse zu benennen.

Wenn wir den Begriff der Qualität anlegen wollen, wird deutlich, dass das Verhalten des Chefs alles andere als qualitativ optimal ist. Diese Erkenntnis ist die Basis für Verbesserungen.

Es geht noch einen Schritt weiter. Wer Qualität produzieren will, muss sich Gedanken über die Wirkung seiner gesamten Produktionsabläufe und auch seiner Produkte machen; damit sind wir wieder beim Bezug von Qualität zum Konkretem.

Dabei können konsequenterweise Fragen auftauchen wie: Welche Folgen kann es haben, wenn eine Firma Automobile mit martialischem Aussehen – mit großem Kühlergrill, wuchtigen Kotflügeln, viel Chrom – an den Markt bringt? Dies mag auf den ersten Blick übertrieben klingen, ist es jedoch nicht: Die Beantwortung dieser und vieler weiterer ähnlich gelagerter Fragen führt zu Eindeutigkeit in der Produktaussage, im Marketing, im Selbstverständnis.

Dieser Sachverhalt wird deutlicher, wenn man sich folgende Fragen vergegenwärtigt: Was bedeutet es, wenn das Unternehmen den Markt mit kleinen, wenig Sprit verbrauchenden Autos überschwemmt? Und: Werden mit diesem Produkt Mitbewerber verdrängt? Und: Braucht der Markt tatsächlich solche Autos?

Oder: Welche sozialen und politischen Bedeutungen hat ein eventueller Standortwechsel des Unternehmens?

Oder: Welche Wirkung soll mit dem neuen Spielfilm XYZ erzielt werden – welche Folgen für die Zuschauer kann das haben?

Mit jeder Frage kann man in die Tiefe gehen und forscht letzt-

Tex
Image
Qual
Kundenpfleg

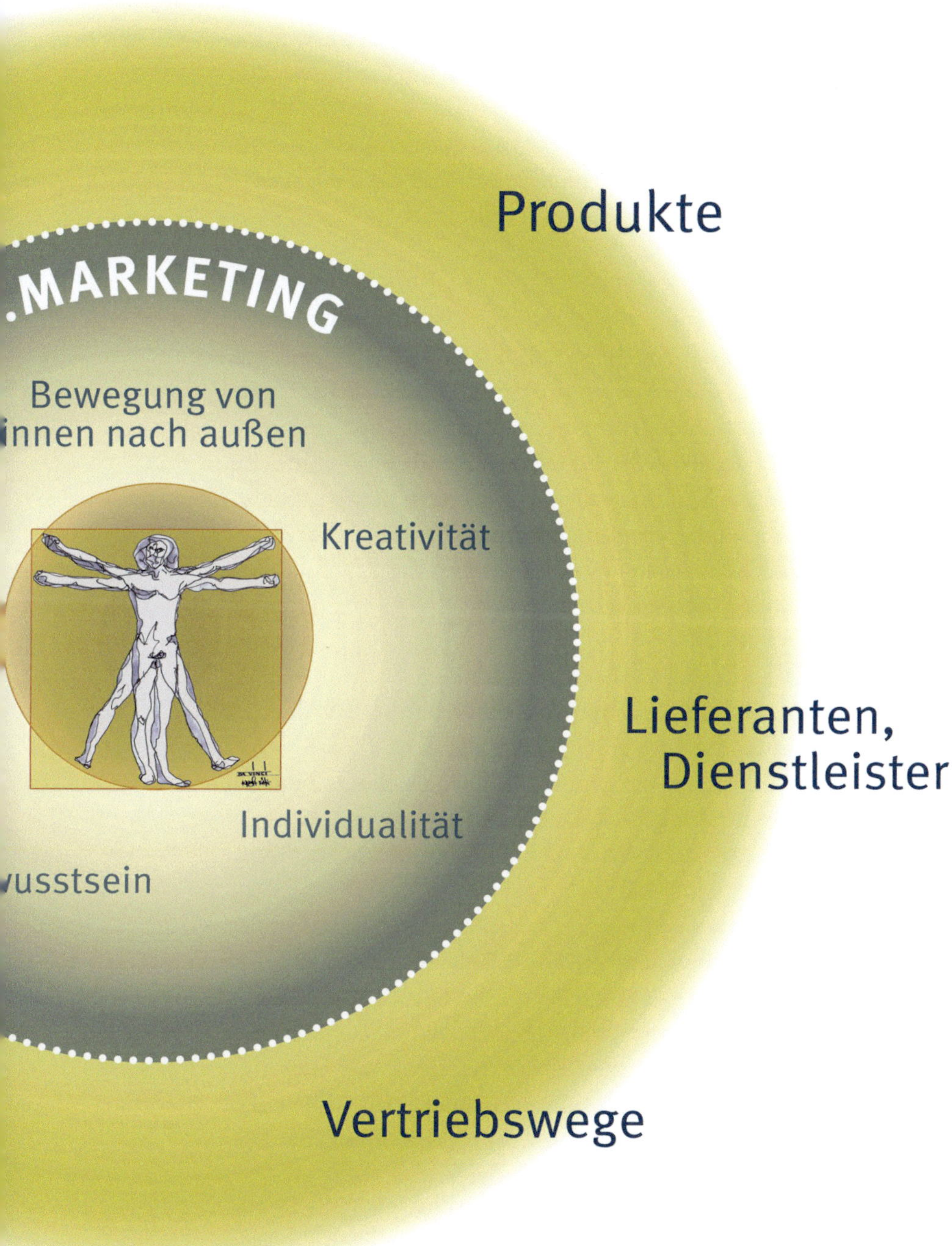
Produkte
.MARKETING
Bewegung von
innen nach außen
Kreativität
Lieferanten,
Dienstleister
Individualität
usstsein
Vertriebswege

lich nach der Bedeutung des eigenen Handelns. Unzählige weitere Fragen zu vielen Bereichen unternehmerischen Handelns ließen sich anführen.

Sicherlich können nicht immer alle Fragen sofort gestellt und beantwortet werden. Darauf kommt es nicht an. Entscheidend ist, dass man sich bewusst dem Wesen von Qualität nähert.

Qualität und Finanzwesen

In den meisten Unternehmen wird Qualität als etwas angesehen, das den Zielen des Finanzwesens diametral gegenübersteht. Letztere Ziele sind, vereinfacht gesagt, Kosten zu senken und Ertrag zu optimieren. Wenn die Unternehmensleitung sich jedoch vorgenommen hat, ihren strategischen Arbeitsschwerpunkt in Richtung Qualität zu verschieben, protestieren die Controller – selbst wenn das geschieht, um den Absatz dadurch langfristig zu optimieren, gar zu garantieren: Solche Prozesse seien zu kostenintensiv. Alleine das Nachdenken und Planen über Qualität binde zu viele Kräfte und senke dadurch die Produktivität.

Dieses Denken lässt sich auf die Formel bringen: Je mehr Qualität, desto höher die Kosten. Das bedeutet im Umkehrschluss: Will man Kosten reduzieren, muss die Qualität gesenkt werden.

An dieser Stelle muss der Unternehmer in Bezug auf das Finanzwesen wichtige Zusammenhänge erkennen. Die Grundsatzfrage lautet: Wie weit lässt er es zu, dass das Finanzwesen unternehmerische Entscheidungen und Freiheiten diktiert?

In Bezug auf die Qualität bedeutet dies beispielsweise, sich sein Bedingungsfeld zu verdeutlichen, darin seine Möglichkeiten und seine Grenzen zu erkennen, um dann Prioritäten festzulegen. Wer sich aus puren Kostengründen bewusst gegen Qualität entscheidet, überlässt an dieser Stelle dem Finanzwesen die Dominanz. Läuft das Geschäft dann trotzdem einigermaßen gut, besteht die Gefahr, für immer auf Qualität verzichten zu wollen, um die Gewinne zu maximieren. Damit hätte das Finanzwesen die Oberhand in der Firma.

Neben der Grundsatzfrage gibt es eine Reihe weiterer Punkte, die zumindest überdacht und nicht einfach kritiklos übernommen werden sollten. Zum Beispiel: Stimmt es eigentlich, dass bessere Qualität zu höheren Kosten führt? Ist in dieser These berücksichtigt, wie viel es das Unternehmen kostet, Rücksendungen wegen Reklamationen im Service und/oder wegen schlechter Herstellungsqualität zu bearbeiten und Kunden frühestens im zweiten Anlauf zufriedenstellen zu können? Oder: Hat irgendjemand einmal versucht zu errechnen, wie viel Kosten ein unzufriedener Kunde für ein Unternehmen verursacht?

Es ist schwierig, Kosten, die aus schlechter Produktqualität entstehen, zu beziffern. Letztlich kann und sollte dies jeder Unternehmer selber einschätzen. Sicher ist: Gesamtwirtschaftlich betrachtet belaufen sich die Kosten auf Milliarden von Euro und Dollar und Yen etc.

Qualität und Kundenbindung

Der Blick auf die Qualität und das Begreifen dessen, was sie ausmacht, bezieht auch die Kundenebene ein. Da liefert bereits die jährliche Studie des Strategic Planning Institutes eine deutliche Einschätzung: Die Kunden schätzen qualitativ hochwertige Produkte und belohnen dies mit ihrer Treue zu Produkten und Firma.

Viele Unternehmen machen die gleiche Erfahrung. Und sie stellen fest, dass dieser Mechanismus auch umgekehrt wirksam ist: Bei schlechter Qualität eines Produktes und Unzufriedenheit von Kunden kaufen ein Drittel bis die Hälfte von ihnen nicht mehr bei diesem Unternehmen.

Andersherum: Die Qualität von Produkten ist der Garant für Kundentreue und damit für langfristigen Unternehmenserfolg.

Widerstände im Unternehmen

Alle Veränderungen, alle Abweichungen vom Bekannten rufen Widerstände hervor. Das ist auch beim aktiven Bekenntnis für Qualität der Fall, insbesondere dann, wenn andere Menschen – wie es in einem Unternehmen der Fall ist – davon betroffen sind.

Die Kunst des Unternehmers und Managers ist es, alle von den Veränderungen Betroffene „mitzunehmen“. Man kann sich dies wie eine Art Einladung vorstellen, die an die anderen Menschen ausgesprochen wird – es ist kein Befehl: Kommt mit, wir zeigen euch etwas Neues, etwas Anderes und Besseres, von dem wir alle profitieren können.

Mit diesem „Mitnehmen“ ist nicht ein demokratischer, Mehrheiten suchender Prozess gemeint – ein solcher kann sich höchstens im Laufe der Zeit entwickeln. Gemeint ist hier die verbindende Kraft der Integration, die ein Unternehmer/Manager während solcher Phasen aufrufen und ausüben muss. Das Aktivieren solcher Strömungen liegt jenseits von der Beschaffung rechnerischer Mehrheiten (diese bleiben jedoch trotzdem wichtig). Das Schaffen eines Konsenses, der auf Integration baut, ist die Basis modernen unternehmerischen Handelns: heute beginnend, stark in die Zukunft hineinwirkend.

Dabei spielt die Kraft der Emotion eine entscheidende Rolle. Der Handelnde/Unternehmer/Manager muss die Arbeit zunächst in sich selber machen: Er muss in sich das Gefühl wachrufen, dass es etwas Neues zu entdecken gilt, dass es aufregend und sehr wichtig ist, in das Land der Veränderungen aufzubrechen. Da gibt es etwas Unbekanntes, das alle miteinander kennenlernen möchten. Und das, was dort darauf wartet, entdeckt zu werden, trägt alle in die Zukunft.

Dieses Gefühl, diese erwartungsvolle Spannung teilt sich anderen Menschen mit. Je deutlicher das Gefühl im Unternehmer/Manager entsteht, umso stärker spüren es die anderen und umso leichter ist es, sie zu etwas Neuem zu bewegen.

Dieses Vorgehen widerspricht den üblichen Managementregeln. Es läuft dem in zahlreichen Unternehmen – insbesondere in Konzernen – üblichen Verhalten entgegen. Die dort in den meisten Fällen gelebte Kommunikationsphilosophie beruht – mitunter offen ausgesprochen, meistens jedoch stillschweigend ständig vollzogen – auf Konfrontation, auf Durchsetzung von Anordnungen sowie, auf der Gegenseite, auf Gehorsam. Hin und wieder wird es geschätzt, wenn sich ein Mitarbeiter nicht unterordnet; dies wird als Bestätigung des gesamten Systems und damit als Durchsetzungs- und Führungsstärke gewertet – so jemand kann unter Umständen weiterkommen.

Wenn man die Strukturen und Prinzipien von heutigem Management schildert, wird die Absurdität vieler Dinge offenkundig. Betroffene spüren die Unstimmigkeit gegenwärtiger Situationen. In persönlichen Gesprächen äußern sie sich häufig offen darüber – doch das Gefühl überwiegt, keinen Ausweg zu sehen.

Warum ist das so? Im gesamten Bereich von Management und Führung von Menschen bzw. Unternehmen sind die Begrifflichkeiten durcheinandergeraten. Vieles, was als Führung und Stärke nach außen hin dargestellt wird und wirken soll, ist letztlich Schwäche, Ratlosigkeit. Übrig bleiben Machtstrukturen in Form von Hierarchien, die von Handelnden und Betroffenen stillschweigend akzeptiert werden. Viele unserer Systeme funktionieren auf diese Weise. Es wird, wie oben beschrieben, höchstens an Äußerlichkeiten korrigiert, kaum jemand geht in die Tiefe.

Wenn wir jedoch über neue Wege nachdenken, müssen auch diese Zusammenhänge untersucht werden. Und wenn wir beim Thema Qualität gründlich zu Werke gehen, muss sich auch die Führung von Unternehmen und Abteilungen diesen Maßstäben stellen.

Zusammenfassung

- Die Qualität eines Produktes – nicht der Preis! – ist entscheidend für den Geschäftserfolg.
- Qualität in einem Unternehmen ist sowohl Zustandsbeschreibung als auch Bewertung des Zustands. Beides ist gleichberechtigt.
- Die Bewertung ist (1) an die Emotion geknüpft, sie braucht (2) einen Begriff, um für sich selbst und andere erfahrbar zu sein. Der Begriff stellt eine Beziehung zwischen dem Objekt und dem Subjekt mit seiner Emotion her.
- Für Unternehmen bedeutet das: Wer Qualität in seiner Arbeit herstellen will, muss Ratio und Emotion miteinander verknüpfen. Ein Katalog von Handlungsanweisungen reicht nicht aus. Qualität bedeutet: Auf welche Weise, unter welchen Bedingungen, mit welcher Absicht und welchen voraussichtlichen Folgen etc. können die Anweisungen verbindlich sein?
- Qualität und Finanzwesen im Unternehmen sind kein Widerspruch.
- Die Grundsatzfrage lautet: Will ein Unternehmen seine Qualitätsansprüche vom Finanzwesen bestimmen lassen?

- Die Produktqualität spielt für die Kundenbindung eine große Rolle: Sie gewährleistet Kundentreue und ist damit Basis für langfristigen Unternehmenserfolg.
- Im Unternehmen muss der Unternehmer/Geschäftsführer alle Mitarbeiter von seiner Qualitäts-Idee überzeugen, indem er sie „mitnimmt“ auf seinem Weg.

Grundsatz 3: Individualität

Relevanz für Unternehmer: Individualität zeigen

Wir sprachen am Anfang von der wachsenden Bedeutung der Individualität von Menschen. Der um die Jahrtausendwende begonnene Zeitabschnitt der Bewusstheit über geistige Zusammenhänge und sichtbare Realität verlangt nach Individuen. Die Wege zum Verstehen dieser Herausforderungen können nur von jedem Einzelnen alleine gegangen werden, es gibt keinen äußeren Führer. Die Wege sind bewusst beschlossene Selbstverpflichtungen. Man kann sich zu Gruppen zusammenschließen, man kann darüber diskutieren, entsprechende Bücher lesen, Musik dazu suchen und Filme ansehen – das Finden der Antworten macht jeder für sich alleine.

Der Grund dafür ist einfach. Jeder Mensch steht an einer eigenen Stelle im Leben, jeder hat eine andere Biografie als sein Nachbar, jeder steht daher vor anderen Aufgaben und jeder verfügt über eigene Reifegrade und biografische Voraussetzungen. Daher ist es selbstverständlich, dass jeder das Mysterium der Individualität für sich selbst finden muss.

Die beiden Grundsätze „Die Bewegung von innen nach außen" und „Qualität" sind nur mit dem Grundsatz der Entwicklung der Individualität denkbar und realisierbar, das Bewusstsein für Individualität (vgl. auch den Abschnitt „Bewusstsein") ist an die Bewegung von innen nach außen sowie an die Kriterien für Qualität – z.B. Zustandsbeschreibung und Bewertung von Unternehmensprozessen – geknüpft.

Es stellt sich die Frage nach der Relevanz dieser Überlegungen für Unternehmer, Manager, Politiker, Berufstätige allgemein.

Inbesondere Menschen, die in Führungspositionen arbeiten, müssen in der Lage sein, unabhängig von Beeinflussungen denken, analysieren und entscheiden zu können. Diese spezielle Art innerer Unabhängigkeit wird niemandem in die Wiege gelegt, man kann sie auf keiner Business School der Welt erlernen (wobei exakt dies suggeriert wird); jede Vermittlung von Wissen und Techniken, seien es betriebswirtschaftliche Kenntnisse, Managementstrategien oder Gesprächstechniken, arbeitet an und mit der Oberfläche. Dort findet jedoch keine Unabhängigkeitsentwicklung statt.

Man bekommt bestenfalls irgendwann Hinweise, für die man hoffentlich in dem Moment empfänglich ist. Man trifft Menschen, definiert Vorbilder, liest Bücher, arbeitet im Beruf – und währenddessen hat man die Chance, in kritischer Auseinandersetzung mit Situationen und Menschen, die einem begegnen, seine eigene Einschätzung herauszubilden.

Wenn man Glück hat und wach genug ist, trifft man jemanden, der auf das Thema Menschenführung aufmerksam macht. Führen bedeutet nicht delegieren, auch nicht herrisch auftreten, schon gar nicht herablassend oder unnahbar sein.

Wer führt, lernt. Er lernt von denen, die geführt werden wollen oder sollen. Das Gegenüber ist der Spiegel, mit dessen Hilfe man sich ausbilden kann. Dabei entsteht und zeigt sich nach und nach die eigene Individualität – und man erwirbt sich einen respektvollen Blick für die Individualität der anderen.

Es scheint, als hätten wir keine modernen Ausbildungs- und Selbstbildungswege, um genau jene beschriebenen, dafür notwendigen Fähigkeiten zu fördern. Alle diese Überlegungen verdeutlichen die Relevanz, sich als Unternehmer mit Zusammenhängen von Individualität zu befassen.

Was ist Individualität?

Es stellt sich die Frage, was Individualität bedeutet. Auch hierzu gibt es eine Vielzahl von Definitionen aus unterschiedlichen Zusammenhängen.

Im vorliegenden Buch fassen wir Individualität als dasjenige auf, das der ureigenste Wesenskern eines Menschen ist. Wenn man sich also fragt: Was ist meine Individualität?, stellt man die komplexeste Frage seines Lebens. Wenn man ernsthaft die Beantwortung dieser Frage sucht, begibt man sich auf den Weg zu sich selbst.

Es gibt zahlreiche Möglichkeiten, diesen Weg zu beschreiten – und gerade heute, während viele Menschen Orientierung suchen (insbesondere in und nach Zeiten einer Krise), gibt es dazu unzählige Angebote. Die meisten Wege führen ins Nichts, bei vielen landet man im Sumpf, viele führen in neblige Gegenden, ohne dass sich der Nebel jemals lichtet. Dieser gesamte Bereich, der im Grunde das Naheliegenste und Intimste eines jeden Menschen ist, wurde und wird, wie alles andere, extrem ins Öffentliche gezogen und kommerzialisiert.

Die schwierigen zu lösenden Aufgaben lauten: Wer kann Wege weisen? Wer ist ein Lehrer? Wie erkennt man einen Scharlatan?

Auch sie sind ausschließlich individuell zu beantworten. Daher kann in diesem Buch darauf nicht erschöpfend eingegangen werden, aber die ausgeführten Gedanken, vor allem die sogenannte Grundsätze, liefern einige Hinweise.

Die Suche nach Individualität hat mit der Entscheidung zu tun, das Entstehen von Bewusstsein zuzulassen. Es ist ein Weg zum eigenen Ich, damit zur geistigen und – wenn man bestimmte Übungsformen damit verbindet – körperlichen Eigenständigkeit und Unabhängigkeit. Dieser Weg dauert ein Leben lang, es gibt also nicht das Ziel „Individualität erreicht", wohl aber viele Zwischenschritte und Teilziele. An diesen Stellen zeigt sich immer wieder die Kompetenzstufenentwicklung, die mit der Entstehung von Bewusstsein einhergeht (vgl. im Kapitel Neue Ethik den „Grundsatz 4: Bewusstsein"). Alles dies geschieht nicht linear, sondern eigenen individuellen Gegebenheiten folgend. Alle die Teilziele zusammengenommen lassen nach und nach ein Individuum entstehen.

Was ist Persönlichkeit?

Vom Begriff der Individualität muss der Begriff der Persönlichkeit unterschieden werden: Persönlichkeit ist die äußere Ausprägung von Individualität. Je deutlicher eine Individualität entwickelt wurde, umso schärfer, konturierter zeigt sich die Persönlichkeit, in jeder Faser des betreffenden Menschen: Man erkennt dies im Denken, Fühlen, Handeln, in jeder Bewegung.

Wir alle kennen das wohltuende Gefühl, sich mit einem Menschen zu unterhalten, von dem man den Eindruck hat, er ruhe in sich. Wir assoziieren dies mit „rund", geschlossen und gleichzeitig offen, wir empfinden den Menschen als fokussiert, konzentriert bei gleichzeitiger innerer Weite, fast Lässigkeit. Wenn wir das erleben, wissen wir intuitiv, es mit einer Persönlichkeit zu tun zu haben.

Wo zeigt sich Persönlichkeit?

Mehr denn je wünschen wir uns heute, dass diejenigen, die wir als Entscheider akzeptieren – weil wir sie gewählt haben, weil sie an der Spitze von Unternehmen stehen oder weil sie beispielsweise stellvertretend für andere agieren –, sich als Persönlichkeiten zeigen. Und es ist so: Heute ist mehr denn je das Persönliche von uns Menschen gefragt. Die Individualitäten sollen aus dem Schattendasein in den Vordergrund rücken.

Wer fühlt sich bei solchen Gedanken angesprochen? Zunächst zeigen wir gerne auf diejenigen an der Spitze von Regierungen, Unternehmen, Kommunen, Bürgerbewegungen, (Umwelt-)Verbänden. Wir erhoffen uns, dass die dort arbeitenden Menschen Persönlichkeiten sind, dass wenn sie Entscheidungen treffen, diese nicht eigenen Zwecken dienen. Wir hoffen, dass diese Menschen in der Lage sind, Entscheidungen zu fällen, in denen man etwas Überpersönliches spürt, etwas, das Verantwortungsbewusstsein des Betreffenden durchscheinen lässt. Etwas, das weder durch immer wieder zitierte Sachzwänge noch durch Kompromisse verbiegbar ist.

Nochmals die Frage: Wer wird bei der Persönlichkeitsentwicklung angesprochen? Tatsächlich ist heute die Entdeckung von Individualität und Persönlichkeit eines jeden Menschen gefordert. Ganz gleich, an welcher Stelle im Leben, im Beruf, in den Gesellschaften oder Familien sich jemand befindet: Jeder ist dazu aufgerufen, sich, sein Ich zu entdecken.

Dabei gilt es gleichzeitig, die Realität sehr genau im Blick zu haben: Wer seine Persönlichkeit in den Vordergrund stellen möchte, trifft häufig auf Ablehnung. In Betrieben, auch und vor allem in leitenden Positionen, leiden viele Menschen darunter, dass sie sich geltenden Regeln anpassen und stromlinienförmig geben müssen. Dass sie Entscheidungen, die sie nicht tragen können, über viele Jahre ausführen müssen. Dass sie sich als Rädchen fühlen, dessen Kompetenz innerhalb des gesamten Uhrwerks nicht gesehen wird, dessen Charakter als winziger Teil des Ganzen von Höher-Positionierten überproportional in den Vordergrund gestellt wird. Wer in solchen Strukturen auf seine Persönlichkeit pocht, erfährt häufig Schwierigkeiten durch Drohungen bis hin zu Kündigungen; Mobbing ist der neudeutsche Begriff dafür. Doch gleichzeitig – so paradox es klingen mag – hilft in solchen Lebenssituationen nur die Stärke der eigenen Persönlichkeit.

Ausprägungen des Individuellen

Im Folgenden führen wir beispielhaft zwei Bereiche auf, in denen sich Individuelles und Ausprägungen von Persönlichkeit zeigen sollten: im Internet und bei der Gestaltung der eigenen Sprache.

- Internet. Seit circa 20 Jahren gibt es das Internet. Ein technisches Kommunikationsmittel, ein riesiges weltweites Netzwerk zur Kanalisierung, Speicherung und Übertragung von Informationen. In den letzten Jahren hat sich das Web grundlegend gewandelt: Aus dem Netzwerk, das nur in eine Richtung funktioniert (vom Bereitsteller einer Information für Rezipienten/Leser), ist eine weltweit vernetzte Gemeinde geworden, die den Informationsfluss in beide Richtungen organisiert. Insbesondere die sozialen Netzwerke haben diese Entwicklung vorangetrieben. Und tatsächlich kann heute so gut wie jeder mit jedem über (fast) alles Informationen austauschen – wo aber bleiben in diesem offenkundigen Kommunikationsparadies die Persönlichkeiten?

Zahlreiche Nutzer legen sich Typisierungen zu, basteln sich sogenannte Persönlichkeitsprofile, um zu ihren jeweiligen Zielen zu gelangen (Unternehmen, weil sie Kunden und Aufträge generieren wollen; Menschen, weil sie andere Menschen kennenlernen möchten; Politiker, weil sie eine vermutete Wählernähe herstellen möchten etc.). Aber: In welchem Umfang entsprechen die gewählten Profile und Eigenschaften der Individualität des jeweiligen Nutzers? Basieren sie nicht meistens auf dessen Ideen und Vorstellungen eines Profils bzw. auf den vermuteten Erwartungen der Profil-Leser? Beim Erstellen solcher Profile spielt vieles Nicht-Verarbeitete, viele Wünsche eine wesentliche Rolle. Tatsächlich näher kommen sich Menschen jedoch nicht – weder der Einzelne sich selbst noch seinen Kommunikationspartnern im Web. Man bombardiert sich meistens mit Versatzstücken von Individualitäten und ungeklärten Vorstellungen.

Die Frage ist: Braucht man dazu das Internet? Und: Wozu benötigt man das Internet tatsächlich? Was sind seine Stärken?

Wir wissen nicht, was das Web letztlich bewirkt. Müssen wir – entgegen allen Beteuerungen von Interessenverbänden, Websitenbetreibern und Internetfirmen – irgendwann zu der Erkenntnis gelangen, dass das Internet auf eine bis heute unbekannte Weise die Anonymität unter Menschen fördert? Wo liegen die Chancen an genau dieser Stelle? Wo liegen die wirklichen Aufgaben der sozialen Netze?

Und in Bezug auf unsere obigen Überlegungen: Wo und welches sind die Wege und Möglichkeiten, gerade heute seine Individualität auszubilden, seine Persönlichkeit vielleicht ganz anders als bisher im Web anderen mitzuteilen, sich selber zu zeigen?

Fest steht, dass das Web ein Teil unseres Lebens geworden ist. Das Vordergründige, Glitzernde, Lockende dieser Technik verstellt häufig den Blick auf deren tatsächliche Bedeutung und auf die tatsächlichen Möglichkeiten. Es hilft, sich an die „Bewegung von innen nach außen" zu erinnern: Dort, im Inneren, muss jeder Einzelne die Antworten suchen, die sich mit entstehendem Bewusstsein, mit sich herausbildender Individualität außen ihre Wege bahnen. Im Innern müssen auch die oben formulierten Fragen beanwortet werden. Wir sind jedoch meistens von Anfang an „außen" unterwegs und arbeiten an technischen Optimierungen.

Einige Hinweise für jeden, der das Internet sinnvoll einsetzen und nutzen will. Abgesehen von den obigen grundsätzlichen Überlegungen muss die pragmatische Frage beantwortet werden: Wozu brauchen wir eine Website?

Ein Internet-Auftritt kann z.B. dazu dienen, nach außen zu dokumentieren: Wir sind da, es gibt uns. Damit ist die Website ein statischer Informationspool. Die Kommunikation fließt vom Unternehmen nach außen, meistens nicht zurück. Mehr darf man aber dann auch nicht erwarten, man darf nicht enttäuscht sein, wenn niemand aufgrund der Website anruft oder im Gästebuch einen Gruß hinterlässt.

Vielleicht soll die Internetseite aber auch dazu dienen, mit dem eigenen Vertrieb Informationen auszutauschen und den Vertrieb zu steuern. Vielleicht dazu, die Kunden für das Unternehmen zu interessieren und an das Unternehmen zu binden. Oder, wie z.B. Hotels, unmittelbar und möglicherweise auch anonym, von ihren Gästen Rückmeldungen über das Haus und den Service zu bekommen. Damit ist sie ein Kommunikationswerkzeug, der Informationsaustausch fließt aus dem Unternehmen und wiederum zurück. Dies erfordert einen vollkommen anderen Aufbau und Betrieb der Internetseite.

Vielleicht möchte ein Unternehmen und/oder Selbstständiger parallel zu seiner Informationswebsite einen Blog betreiben, also ein öffentlich einsehbares Tagebuch, ein Journal. Dies kann z.B. als Informationsmedium geschehen, als eine Art Internetforum oder auch als Internetzeitung.

Die Vernetzung diverser Kommunikationswege hat das sogenannte virale Marketing ermöglicht: Informationen, die nicht als Werbung identifiziert werden sollen, werden z.B. in Foren, Blogs und sozialen Netzen gestreut; sie verbreiten sich wie Viren weiter und werben indirekt für ein Produkt, eine Idee, ein Unternehmen.

Alles dies sind unterschiedliche Kommunikationskonzepte für das Medium Internet. Jedes einzelne hat seine Berechtigung, keines ist für sich genommen gut oder schlecht. Jeder muss für sich herausarbeiten, wozu er das Informations- und Kommunikationsmedium einsetzen will. Dies gilt insbesondere vor dem Hintergrund der Suchmaschinen-Optimierung: Die Technik – die Suchmaschinen – geben die Form vor, die Inhalte müssen sich anpassen; geschieht dies, wird man im Web gefunden.

Für manchen mögen diese Überlegungen banal klingen – tatsächlich jedoch zeigen nur wenige Unternehmen den Mut, konsequent sich diesen Fragen zu stellen und die Antworten umzusetzen. Das Internet ist das moderne Medium für Kommunikation – das Individuum muss sich dieser Entwicklung, wie allen Neuerungen, stellen, sich damit auseinandersetzen und den Dingen in voller bewusster Verantwortung seinen Stempel aufdrücken.

- Die eigene Sprache (vgl. hierzu das Kapitel „Vier: Gute Texte"). Wenn man über Sprache nachdenkt, ist daran, zumeist unbewusst, das Handeln geknüpft. Wie handelt ein Mensch? Zuerst kommt das Denken, dann das Artikulieren, dann das Handeln. An das Denken ist der Begriff gebunden. Man kann nur dasjenige denken, für das man einen Begriff hat und was man artikulieren kann. Und wenn der Mensch in der Lage ist, etwas zu artikulieren, ist sinnvolles Handeln möglich.

Wir lassen die reichhaltige Literatur und die vielen unterschiedlichen Ansätze rund um das Denken außen vor. Auch hier gilt: Es geht uns um das Begreifen und das Arbeiten mit den Strukturen.

Legen wir die obigen Sätze zugrunde, hat das u.a. folgende Konsequenz: Je klarer der Mensch in seinen Begrifflichkeiten ist, umso eindeutiger ist er in seinen Zielsetzungen sowie im Handeln.

Ein einfaches Beispiel dazu: Ein Unternehmen, das sich als Jahresziel setzt, den Umsatz zu verdoppeln, hat weitaus größere Schwierigkeiten, diese Vorgabe zu erreichen, als eines, das für sich definiert: Den Umsatz in unseren traditionsgemäß schwachen Sparten X, Y und Z mit den Zielgruppen A und B verdoppeln.

Mögen diese Zusammenhänge zwischen Denken, Sprache und Handeln noch nachvollziehbar sein, wird es komplizierter mit der Aussage „eine eigene Sprache entwickeln".

Was bedeutet das? Dazu muss man sich verdeutlichen, dass wir in Zeiten leben, die von Städte-, Länder- und sogar Kontinente-übergreifenden Kommunikationsstrukturen geprägt sind. Wie funktionieren diese Kommunikationsnetzwerke? Beispielsweise so: Internationale Firmen platzieren die gleichen Werbebotschaften in verschiedenen europäischen Ländern; von den Unternehmen beauftragte Public Relations-Agenturen unterstützen die Markt-Durchdringung der Werbebotschaften im Rahmen aufwendiger Marketingpläne mit redaktionellen Artikeln in zahlreichen Zeitschriften, und parallel werden Fernsehbeiträge (die auch im Internet an entsprechenden Stellen erscheinen und verbreitet werden) zu den betreffenden Themen lanciert. Irgendwann übernehmen Nachrichtenagenturen die vorgegebenen Sprach- und Argumentationsmuster.

Auf diese Weise dringen Wort- und Denkklauseln fast unmerklich in unser aller Leben. Beispiele dafür gibt es viele. Wie aus dem Nichts sind – oder waren – Begriffe wie die folgenden en vogue: „Am Ende des Tages", „nach vorn denken", „Negativgewinne", „Kollateralschäden" (für Kriegstote), „chirurgische Kriegsführung", „Seniorenresidenz". Dies sind nur einige wenige.

Die Folgen dieser Kommunikation bzw. Beeinflussung sind nachvollziehbar: Viele, insbesondere kritische Themen werden nicht mehr hinterfragt, die Sprachmuster zu zahlreichen Zusammenhängen haben sich eingegraben und gelten als Allgemeingut. Sie sind jedoch – aufs Individuum bezogen – dessen nicht-eigenständig entwickeltes Gedankengut.

Dies mag durchaus im Sinne der Initiatoren solcher Prozesse gewünscht sein, aber es hat u.a. auch die Folge, dass zahlreiche Menschen sich gelangweilt abwenden. Sie wollen nicht mehr an Belangen von Unternehmen und Wirtschaft und häufig auch nicht mehr an Politik – an diesen wichtigen Bereichen des öffentlichen Lebens – teilnehmen. Und damit sind sie keine Gesprächspartner mehr.

Daher gibt es für alle diejenigen, die mit und in der Öffentlichkeit arbeiten – also inbesondere auch für Unternehmen, große wie kleine –, nur den einen Weg: zurück zum eigenständigen, selbst formulierten ehrlichen Gedanken und Ausdruck, zum Artikulieren und damit zum eigenständigen, unverwechselbaren Handeln. Damit rückt man ab vom verschleiernden Phrasen-Einheitsbrei. Und damit ist der erste Schritt getan, mit dem eigenen Kunden wieder in den engen Kontakt zu treten.

Was bedeutet das? Ganz pragmatisch: Ein Unternehmen muss eine eigene Sprache entwickeln, die sich in allen Publikationen des Unternehmens wiederfindet. Beispielsweise in der Image-/Unternehmensbroschüre, im Internet (obwohl fürs Internet aufgrund der Suchmaschinen-Optimierung spezielle Regeln gelten), in allen Verkaufsunterlagen – und im Grunde genommen in jedem Brief, den eine Sekretärin, Assistentin, jeder Mitarbeiter verschickt.

Wer anders, als der Unternehmer selbst – seine Techniker, seine Fondsspezialisten, sein Entwicklungsteam etc. etc. – kennt präzise die Produkte bzw. die Leistungen des Unternehmens? Daher liegt dort die erste Informationsquelle für die sachliche Richtigkeit der zu kommunizierenden Informationen.

In den meisten Fällen steckt beispielsweise ein Techniker tief in der technischen Sprache, kennt sich mit ihren Besonderheiten und damit den Produktfeinheiten aus und kann bis ins Kleinste die erforderlichen Fachausdrücke kommunizieren. Sein Gegenüber – wenn es um Podukte und Endkunden geht, die diese Produkte kaufen wollen und sollen – ist jedoch ein Mensch, der viel weniger technische Kenntnisse hat. Daher ist es die Aufgabe des Technikers, dem Nicht-Techniker zu erklären, welche Besonderheiten und Vorteile, vielleicht welche Fehler, welche Stärken und Schwächen ein Produkt hat; er muss es jedoch in einer solch einfachen und klaren Sprache tun, dass er auch vollkommen verstanden wird. Kann dies ein Techniker leisten?

Die Vermittlung von technischem Wissen an Nicht-Techniker ist eine besondere, eigenständige Kommunikationsaufgabe. Ein gutes, gelungenes Beispiel dafür ist die Fernsehserie „Sendung mit der Maus“ (seit 1971 eine Kindersendung der ARD): Dort schaffen es Fernsehredakteure, komplizierte Zusammenhänge („Wie funktioniert ein Computer?“) so einfach darzustellen, dass Kinder sie verstehen. Es ist wahrscheinlich kein Zufall, dass sich auch viele Erwachsene die Sendung immer wieder gerne ansehen ...

Wird der Sachverhalt der besonderen Aufgabe von Informationsvermittlung am Beispiel von Technik noch einsichtig und verstanden, tun viele sich schwer, diese Aufgabe auch für andere Produkte und Dienstleistungen unserer Industrie- und Dienstleistungsgesellschaft anzuerkennen. „Wieso, ich habe doch eine Sekretärin, die macht das“, denken sich zahlreiche Unternehmer. Informationsvermittlung als eine besondere Kommunikationsaufgabe, in der sich ein Unternehmen finden und spiegeln muss – nur wenige vertreten überzeugt diese Auffassung. Informationsvermittlung, das Finden einer eigenen Sprache, die auf Erfahrung, Wissen und Intuition gründet, ohne Verwendung abgedroschener Phrasen, die damit täglich gelebte Neu-Definition der eigenen Unternehmensidentität, die dadurch neu gewonnene Nähe zu Kunden: Dies sind Aufgaben, die sich aus dem Grundsatz der Individualität ergeben und die gelöst werden wollen.

Ein paar ergänzende Stichworte zur Individualität: Jedes einzelne ist ein eigenes großes Thema, es kann auch zum eigenen Weiterarbeiten in dieser Richtung anregen.

- Individualität bedeutet selbstständiges Denken.
- Individualität fördert das Herausbilden intuitiven Denkens.
- Individualität führt zur Herausbildung eigener moralischer Normen und Werte.
- Individualität hat große Bedeutung sowohl für den Einzelnen als

auch für soziale und berufliche Zusammenschlüsse (z.B. Vereine, Unternehmen).

- Individualität bekommt wachsende Bedeutung für die Politik. Warum ist das so? Die bestehenden Polaritäten und Inhalte, die zur Entstehung der gegenwärtigen Parteien geführt haben, existieren in ihrer ursprünglichen Form nicht mehr oder haben sich stark gewandelt; die Parteien reagieren darauf mit gewohnter, eingeübter Rhetorik – und reden und handeln an den Menschen vorbei. Die Menschen/die Wähler machen sich von ihren bisher gültigen und funktionierenden Zusammenschlüssen und Netzwerken – u.a. Verbände, politische Parteien – unabhängig; es bilden sich Individualitäten und Persönlichkeiten heraus, es entstehen neue Netzwerke (u.a. durch und mithilfe des Internets). Diese und viele weitere Strömungen führen zum Heranwachsen einer neuen Auffassung von Demokratie; die Politik bekommt neue Inhalte.

Zusammenfassung

- Individualität ist der ureigene Wesenskern eines Menschen. Es ist das, was einen Menschen ausmacht.
- Die Suche nach Individualität hat mit der Entscheidung zu tun, das Entstehen von Bewusstsein zuzulassen.
- Persönlichkeit ist die äußere Ausprägung von Individualität.
- Heute sind mehr denn je Persönlichkeiten gefragt.
- Das Internet richtet an den Einzelnen die Aufforderung, sich um die deutliche Darstellung der eigenen Persönlichkeit zu bemühen.
- Die Entwicklung von Individualität geht einher mit der Entwicklung der eigenen Ausdrucksfähigkeit.
- Wer Wort- und Denkklauseln Zutritt zu seiner Sprache erlaubt, speichert nicht-eigenständiges Gedankengut.
- Individualität wirkt sich auch politisch aus: Sie führt zum Heranwachsen neuer demokratischer Auffassungen.

Grundsatz 4: Bewusstsein

Individualität und Bewusstsein

Mit der eigenen Individualität wächst das eigene Bewusstsein. Es müssen eine Reihe von Lebenssituationen, von Entwicklungsschritten zusammenkommen, es muss der Wille vorhanden sein, sich mehr und mehr von äußeren Einflüssen unabhängig zu machen, damit im Innern der eigene Kern wachsen kann. Wie kann man sich dies vorstellen? Wir werden immer wieder vor Lebenssituationen gestellt, die – reduziert und pointiert gesagt – Entscheidungen verlangen, bei denen es letztlich um Leben und Tod geht: Eigenständig leben kann man nur dann, wenn man sich für sich selbst entscheidet, für die Entdeckung seines Ichs. Das ist die Entscheidung: Mit seinen individuellen Mitteln und seiner Kraft in sich selbst den Ausgleich zwischen Gut und Böse, zwischen oben und unten anzustreben und zu leben. Wenn man dies nicht anstrebt, stirbt das Ich. Wer diese Zusammenhänge erkennt und damit akzeptiert, dass der Tod – das Sterben des Ichs – ein Teil unseres Lebens ist und dass von uns immer wieder der Kampf ums eigene Ich verlangt wird, wer dadurch den Tod in uns in Leben umwandelt und den mit diesen Entwicklungen verbundenen Schmerz aushält, legt die Basis für Bewusstsein. Jede Entscheidung für das Leben lässt Bewusstsein entstehen und wachsen.

Unter diesem Blickwinkel können wir die oft schwierigen Lebenssituationen verstehen und einordnen, vor die wir gestellt werden. Sie sind eingebettet in die – wie bereits erwähnt – spezielle Eigenart unserer Zeit, in der Individualität, Persönlichkeit und Bewusstsein entstehen sollen.

Wenn von Reifestufen und günstigen Zeiten für Entwicklungen die Rede ist, müssen Begrifflichkeiten beschrieben werden, um damit arbeiten zu können; es geht nicht um akademische und wissenschaftstheoretische Durchdringung, sondern um praxisnahe Klärung. Es geht auch nicht um einen philosophischen Ansatz oder Exkurs, sondern um praktische Anwendung geistiger Prozesse im Alltag.

Bewusstheit und Bewusstsein

- Bewusstheit: Der Begriff bezeichnet das in aktuellem Tagesgeschehen erzielte Ergebnis eines geistigen Prozesses. Dies geht über das einfache Erlernen von Fertigkeiten hinaus, es bezieht komplexe Gedankenstrukturen ein. Dem Vorhandensein von Bewusstheit geht eine Entwicklung voraus, die „fertige“ Bewusstheit ist das Ergebnis dieses Prozesses; sie entsteht häufig unmittelbar nach einem entsprechenden Erlebnis, nach einer bestimmten Erfahrung.

- Bewusstsein bildet sich länger andauernd über einen gewissen Zeitraum; das Ergebnis dieses Prozesses, also das entstandene Bewusstsein, entwickelt sich ebenfalls langsam, nicht unmittelbar. Der Entstehungsprozess basiert auf rationalen, emotionalen und körperlichen Entwicklungen.

  Rational verläuft das Erkennen, Verstehen von Zusammenhängen und Abläufen, man findet dafür eine Sprache.

  Im Gemüt, in der Emotion erzeugen solche Entwicklungen bzw. deren Begreifen individuell unterschiedliche Befindlichkeiten, die wir beispielsweise als angenehm oder unangenehm, als bedrohlich oder beschützend empfinden; ein großer Teil auftretender Ängste rührt daher, dass man zu Beginn eines solchen Prozesses die eigene Unfähigkeit spürt, die Dinge steuern zu können: Man weiß nicht, wohin das Ganze führt. Dies liegt in der Natur der Sache: Niemand kann zu Beginn von Wegen wissen, wohin sie führen und wo man nach einem, zwei oder drei Jahren steht.

  Das alles steht unter der Obhut der geistigen Sphäre, unserer Anbindung an geistige Welten. Sie sagt uns – wenn wir danach fragen! –, ob diese Prozesse in Ordnung sind, ob sie einer geistigen Ordnung entsprechen oder beispielsweise aus niedrigen Instinkten entspringen.

  Schließlich spielt bei der Bildung von Bewusstsein auch die Körperlichkeit eine Rolle. Die Entwicklung von Körperlichkeit, das Trainieren von Muskeln, Sehnen, Faszien und Gelenken ohne gleichzeitige geistige Arbeit und Verbindung beider Ebenen ist – wie auch in anderen Bereichen – die pure Funktion. Letzteres findet beispielsweise im Fitness-Studio statt. Dies hat sicherlich in bestimmten Lebenssituationen seine Berechtigung und wird hier auch nicht diskreditiert, man muss jedoch erkennen, was es ist: Mechanik.

Das komplizierte Zusammenspiel zwischen Geist, Emotion und Körper kann man erahnen, wenn man sich verdeutlicht, was alleine während der Atmung geschieht. Wir gehen dabei ständig in den Kontakt mit der Umwelt, dem Außen; wir erlauben dem Außen, in uns mechanisch und biomechanisch einzudringen, wir wandeln aufgenommene Stoffe um und schicken sie mit der Luft wieder nach außen. Dabei können wir mit der Atmung Einfluss auf unsere Emotion und unseren Geist nehmen (vgl. Kapitel vier „Gute Texte", dort „Was geschieht beim Sprechen?").

Für das Thema der Bewusstseinsbildung bedeutet das: Das Innere eines Menschen wird stark gefordert, und unterstützend sollten daher körperliche Übungen und Bewegungen wirken, die zum Ziel haben, uns körperlich, geistig und emotional robust, geschmeidig-beweglich, belastbar und gesund zu machen.

Entscheidend für das Sich-Bilden von Bewusstsein ist die Akzeptanz eines Menschen; wenn sich jemand dagegen sperrt, neue Erkenntnisse über die Welt in sich zuzulassen, werden diese ihn nicht erreichen. Einfach gesagt: Der Mensch muss das Entstehen von Bewusstsein mit jeder Faser akzeptieren.

Das Ziel: die unbewusste Kompetenz

In dieses Thema gehört die Stufenfolge von unbewusster Inkompetenz über bewusste Inkompetenz zu bewusster Kompetenz und schließlich zu unbewusster Kompetenz. Diese sogenannte Kompetenzstufenentwicklung aus der Entwicklungspsychologie bezieht sich auf einzelne Entwicklungs-/Lernbereiche.

Ist ein Mensch im Zustand unbewusster Inkompetenz, versteht er nicht, worum es beim fraglichen Problem/Lernbereich geht; er erkennt seine eigenen (Lern-)Probleme und Defizite nicht.

Auf der nächsten Stufe, der bewussten Inkompetenz, ist man einen großen Schritt weiter: Man erkennt seine Defizite, weiß jedoch nicht, wie man sie auflösen kann.

Die darauf folgende bewusste Kompetenz ist ein Zustand, in dem die Person versteht, wie ein Problem gelöst werden muss; sie weiß, wie sie ihre eigenen Fertigkeiten zielführend einsetzen kann. Es ist aber immer noch ein Zustand, in dem das Erfüllen von Aufgaben und geforderten Tätigkeiten große Konzentration erfordert.

Dies ist dann in der in der unbewussten Kompetenz nicht mehr der Fall. Die Tätigkeiten laufen sozusagen automatisch ab. Es wurden so viele praktische Erfahrungen gesammelt, dass die Dinge abgerufen werden können und auch funktionieren, ohne ein großes Maß an Konzentration zu beanspruchen.

Unternehmer und Bewusstsein

Welche Relevanz haben diese Schilderungen für Menschen in Arbeitsprozessen, für Unternehmer, Manager, Selbstständige, Arbeitnehmer?

Es ist hier immer wieder von Unternehmern bzw. Führungspersonen die Rede, weil sich an solchen exponiert arbeitenden Menschen die Zusammenhänge anschaulich darstellen lassen. Grundsätzlich kann aber jeder die Inhalte „durch seine eigene Brille“ aufnehmen und auf seine persönlichen Situationen übertragen.

Es ist wichtig zu verstehen, dass die Entwicklung von Bewusstsein – immer individuell und damit immer Persönlichkeits-schärfend – eine verlässliche Basis für dauerhaften Erfolg ist. Ebenso für Zufriedenheit im Leben, für Gelassenheit im Umgang mit Kollegen, Konkurrenten und dem Konkurrenz-Thema im Allgemeinen.

Auch Bewusstsein wirkt von innen nach außen. Wenn es entsteht, gibt es keinen Anfang und kein Ende. Jeder kann jederzeit diese Zusammenhänge für sich entdecken – ans Ziel kommen in dem Sinne, „Jetzt habe ich Bewusstsein“, wird er niemals. Das ist auch nicht wichtig, weil die vielen Dinge, die er jeden Tag hinzulernt, ihn vollkommen ausfüllen. Sie wollen verarbeitet werden, fügen sich in seine Individualität ein und prägen sich in seiner Persönlichkeit aus, erzeugen ein Mehr an Bewusstsein als vorher, locken neue Fragen empor etc.

Man kann sich dennoch ein Ziel setzen – beispielsweise: „Ich weiß von der unbewussten Kompetenz und möchte diese gerne an einigen wenigen Stellen meines Lebens erreichen.“

Zu jedem Ziel führt ein Weg, und jeder bewusst gegangene und begriffene Weg stellt denjenigen, der unterwegs ist, vor Anforderungen. Dies gilt in jedem Sinne, übertragen und wörtlich. Menschen, die beispielsweise den Jakobsweg gehen, spüren dies körperlich, seelisch und geistig während ihrer Wanderung. Alle Ebenen werden angesprochen.

Die Entwicklung von Bewusstsein ist mit einem solchen (physischen) Weg in Ansätzen vergleichbar. Und obwohl dieser Weg weitgehend – vielleicht auch nur zunächst – nicht-körperlich abläuft, verlangt er vom Wanderer eine bestimmte körperliche und geistig-spirituelle Fitness, die sich auch auf seine Seele auswirkt. Ein Bereich wirkt in den anderen. Intensive geistige Entwicklungen gehen mit dem Verlangen und dem Aufbau von körperlicher Fitness einher, und eine Straffheit im Körper – damit sind keineswegs antrainierte Muskelpakete gemeint! – ist eine gesunde Grundlage für geistig-seelische Klarheit.

Führungsqualität: Die große Aufgabe, Menschen zu führen

Wer die Aufgabe hat, eine Gruppe von Menschen zu führen bzw. zu leiten – zum Beispiel in einem Unternehmen bzw. das gesamte Unternehmen, genauso ein größeres Meeting, ebenso eine Jugendgruppe während einer Ferienfreizeit oder eines Trainingswochenendes – sollte sich um die anspruchsvolle interaktive Kompetenz des Führens kümmern (vgl. im Kapitel Ethik den „Grundsatz 2: Qualität", dort den Abschnitt „Widerstände im Unternehmen").

Jeder, der führt, ist gleichzeitig Teil des Teams. Damit muss er seine eigene Person und Aufgabe im Blick haben, dann die Gruppe als Gesamtheit, dabei jeden Einzelnen als Individuum sowie in Interaktion mit den anderen und mit sich, dem Leiter.

Was ist Führen bzw. Leiten? Es bedeutet, (1) ein Geschehen zu verstehen, es nicht zu stören, dann (2) lenkend, durch Impuls-Setzung, an bestimmten Stellen so einzugreifen, dass (3) das Geschehen weiterläuft, jedoch modifiziert, und (4) dabei genau jene Modifikation herauskommt, die beabsichtigt ist.

Dies gilt im Großen genauso wie im Kleinen – also für komplexe Zusammenhänge wie das Führen eines Unternehmens ebenso wie für kleine Gesprächskreise. Das Entscheidende ist – und dies ist das wahrscheinlich größte Missverständnis beim Führen –, das Geschehen nicht zu unterbrechen, sondern möglichst ungestört ablaufen zu lassen. Wenn Abläufe unterbrochen werden, reißt man die Beteiligten aus ihrem Denk-, Handlungs- und Emotionszusammenhang. Alle müssen sich neu sortieren, Anknüpfungspunkte suchen und erneut beginnen. Es entstehen ungewünschte Irritationen, emotionale Abwehrhaltungen wie Unwillen oder gar Streit. Die Führungsperson muss einen Großteil ihrer Zeit damit verbringen, die einzelnen verstreuten, teilweise zerrissenen Fäden aufzunehmen und zu einem neuen Prozess zu verknüpfen.

Wer ein Geschehen laufen lässt und Beobachterstatus einnimmt, muss vor allem Eigenarten und Dynamik von Prozessen verstehen erlernen. Dazu werden bestimmte Sensibilitäten entwickelt. Denn man muss beispielsweise in einem Meeting schneller als alle anderen mitbekommen, wer Wortführer ist, wann dieser das Wort ergreift, wann sich ein Geschehen in eine unerwünschte Richtung entwickelt, wann ein Angriff bevorsteht, etc.

Der zweite entscheidende Punkt – neben dem „ein Geschehen laufen lassen“: Beobachtende Aufmerksamkeit hat nichts mit Denken zu tun. Betrachtendes Aufmerksamsein erfasst ein Geschehen als Ganzes. Dies wird möglich durch permanentes Wechseln von ganzheitlicher Wahrnehmung zu fokussierender Aufmerksamkeit und wieder zurück.

Wenn die beobachtende Aufmerksamkeit kein Denken ist – was ist sie dann? Und wie erlangt man die Kompetenz des geeigneten Impulse-Setzens?

Der hier beschriebene Beobachter ist Teil des Teams und damit Teil des Geschehens. Er steht nicht außerhalb, sondern mitten in der Situation und erlebt diese, und aus dem Erleben des Prozesses ergibt sich sein Impuls-Setzen. Das Geschehen wird nicht abrupt gestört, fließt weiter, verändert sich, der Beobachter bleibt Teil des Prozesses, gibt erneut einen Impuls hinein, etc. Die beobachtende Aufmerksamkeit ist also pures Erleben – gepaart mit der Fähigkeit zur denkenden Reflexion und Beurteilung. Das Impulse-Setzen entsteht, individuell unterschiedlich, in der konkreten Situation. Und damit hat man die Falle des Wiederholens von Handlungsmustern – beispielsweise: äußerlicher Stress führt zu körperlichen Verspannung – verlassen.

Erlernen kann man diese Dinge z.B. in chinesischen Kampfsportarten wie TaiJi Quan.

Ein neues Unternehmertum

Ein Unternehmer, der verstanden hat, wie wichtig die Entwicklung von Individualität, Persönlichkeit und Bewusstsein ist und dass Führungsqualität bedeutet, verstehend sich in die Geschehnisse, in die Prozesse zu begeben, um dort Impulse zu setzen, legt Grundlagen für ein neues Unternehmertum. Wir müssen dann nicht mehr von politischen Richtungen reden, die vorgeben, sie wüssten, was Unternehmersein bedeutet, was Werte bedeuten und welchen Stellenwert diese haben, was unternehmerische Moral ist und so weiter. Alles dies und vieles Weitere fällt für den einzelnen Unternehmer schlicht weg: Er hat seine eigenen Antworten.

Selbstverständlich gilt für diese Überlegungen dasselbe wie für alle Gedanken, die neue Wege aufzeigen: Wir werden nicht in kurzer Zeit die geschilderten Ziele erreichen. Aber es ist entscheidend, dass Menschen Fragen stellen und eigene Antworten finden. Schon die Formulierung der eigenen Frage ist ein großer Schritt weg von der unbewussten Inkompetenz.

Zusammenfassung

- Die Entwicklung von Individualität läuft parallel zur Entwicklung von Bewusstsein.
- Ziel einer Entwicklung ist das Erreichen unbewusster Kompetenz: Es wurden so viele (praktische) Erfahrungen gesammelt, dass Dinge ohne viel Konzentration funktionieren.
- Die Basis für den Erfolg – u.a. jedes Unternehmers – ist die Entwicklung individuellen Bewusstseins. Zum Entstehungsprozess tragen geistige, emotionale und körperliche Faktoren bei. Der Mensch gewinnt dadurch Stärke und Unabhängigkeit.
- Führungsqualität bedeutet: Prozesse verstehen lernen, beobachtend daran teilnehmen, Impulse setzen – alles auf Basis des Erlebens.
- Unternehmer-Persönlichkeiten, individuell denkende und handelnde Menschen, schaffen ein neues Unternehmertum.

Grundsatz 5: Kreativität

„Crescere“ bedeutet „geschehen, wachsen“

Geht man langsam den Weg durch die neue Ethik, so, wie sie bis hierhin beschrieben wurde, landet man fast zwangsläufig bei der Kreativität. Auch sie basiert auf einer Bewegung von innen nach außen und hat viel mit Qualität zu tun; wer seine Individualität finden und seine Persönlichkeit entwickeln will, wer Bewusstsein in sich entstehen lassen will, kann gar nicht anders, als kreativ zu sein. „Creare“, lateinisch, ist eine Wurzel des Wortes Kreativität und bedeutet „etwas neu schöpfen, erfinden, herstellen, erzeugen“. Auch das „Auswählen“ steckt darin. Die zweite Wurzel des Wortes ist „crescere“: „geschehen, wachsen“.

Das bedeutet: Kreativität bezeichnet sowohl etwas Aktives als auch etwas Passives. Beides kann tatsächlich gleichzeitig geschehen – wir gehen weiter unten darauf ein –, meistens erfolgt dies zeitlich nacheinander.

Ein weit verbreiteter Irrtum ist, zu glauben, dass nur bestimmte Menschen- oder Berufsgruppen kreativ und schöpferisch sein können. Nein! Nicht nur beispielsweise bildende Künstler, Musiker oder Schriftsteller arbeiten kreativ! Jeder, der eine neue Idee nicht nur still in sich trägt oder anderen Menschen laut davon erzählt und sich für seine vermeintliche Genialität feiern lässt, sondern wer diese Idee ins Physische trägt, real werden lässt, dazu vielleicht sogar eine Firma gründet und Mitarbeiter einstellt – wer also etwas unternimmt und zum Unternehmer seines schöpferischen Potentials wird, ist kreativ.

Unternehmer des eigenen schöpferischen Potentials

Warum ist es für einen Unternehmer wichtig, seine Kreativität zu finden? Warum muss er sie wecken, immer wieder pflegen und bestrebt sein, sie möglichst bis ins hohe Alter zu tragen? Warum sollte er parallel dazu um die Prozesse und Wirkungen wissen, die seine Kreativität beeinflussen?

Häufig verlaufen bei Menschen, die keinen künstlerischen Beruf ergreifen, ihre Wege dergestalt, dass, einige Zeit nach dem Auftauchen und ersten Realisieren kreativer Gedanken, zahlreiche Alltagsaufgaben und -probleme auftauchen, die – wie bereits die ersten kreativen Ideen – schlicht bearbeitet werden müssen. Schnell wird aus dem Unternehmer ein Verwalter des einst Geschaffenen, und oft gibt es dann keine Kreativität mehr. Es werden dann beispielsweise Mitarbeiter eingestellt und Berater beschäftigt, die diesen scheinbar isoliert existierenden Teil namens „das Kreative“ übernehmen sollen. Sie tummeln sich in Bereichen wie Produktentwicklung und Marketing. Doch wo ist der einst so kreative Unternehmer? Und warum fällt ihm – abgesehen von Ansätzen für die private Steueroptimierung – nichts Neues mehr ein?

Wir werden im Folgenden diese Fragen beantworten. Wir versuchen, die Funktionsweise von Kreativität zu beschreiben, damit jeder die Dinge in sich nachvollziehen kann. Bei der Erarbeitung haben wir festgestellt, dass auch beim kreativen Prozess die „Bewegung von innen nach außen“ eine große Rolle spielt.

Nahezu alle aufgezeigten Zusammenhänge beruhen auf eigener Erfahrung (vgl. im Kapitel Ethik den „Grundsatz 4: Bewusstsein“, dort den Abschnitt „Führungsqualität“).

Was ist Kreativität?

- Kreativität ist der Schlüssel zum Erfolg. Nur derjenige Mensch, der sich den Zugang zu seinem Schaffensstrom offenhält, hat überhaupt Aussicht auf dauerhaften Erfolg. Zum Erfolg – also zum Erreichen selbst gesetzter Ziele – gehören noch weitere „Zutaten“, jedoch ist Kreativität die wichtigste Komponente.
- Wer sich für die Suche nach seinem Ich, nach seiner Individualität und Persönlichkeit öffnet, macht die Türen zu seiner Kreativität auf. Und umgekehrt führt Kreativität zum eigenen Selbst. Kreativität bedeutet immer Individualität.
- Ein Unternehmer sollte es anstreben und schaffen, die Kreativität seiner Mitarbeiter zu wecken und im Unternehmen zum Blühen zu bringen. Wer dies erreicht, kreiert seine eigene, neue Form von Unternehmertum: Er erzeugt ausgezeichnete Produkte, hat begeisterte, zufriedene Mitarbeiter, die alle am Erfolg mitarbeiten, und er hat dankbare Kunden, die ihm treu bleiben.
- Im kreativen Prozess, also wenn etwas Neues entstehen will, gibt

es keine Angst. Das Gefühl von Ängsten gibt es vorher, manchmal auch hinterher. Wer in der Angst verharrt, bleibt reaktiv, findet nicht zur Kreativität und dadurch nicht zu sich.

- Der geistige Prozess des Erschaffens von etwas Neuem ist die Umwandlung eines kleinen Anteils des kaum begreifbar großen Unvergänglichen in uns in etwas irdisch Fassbares. Das Materielle liegt dann wie eine transparente Folie vor dem Geistigen. Dies erzeugt im Gemüt eine große Zufriedenheit und Lust und besänftigt zudem die Götter in uns.

Kreativität in der ersten Lebenshälfte

Kreativität entsteht ist der ersten Lebenshälfte in fast jedem von uns fast ohne unser Zutun. Wir probieren uns einfach aus, spinnen herum, haben für die kompliziertesten Dinge die einfachsten – unkonventionellen! – Lösungen.

In dieser Zeit wollen viele von uns für das Eigene, für das Neue kämpfen. Risiken werden vielleicht wahrgenommen, aber keinesfalls überschaut; wenn alles glatt geht, nennt man das Glück. Und tatsächlich: Die Dinge laufen meistens gut, zumindest eine Zeitlang. Später dämmert die Erfahrung, dass jeder Weg einen trägt; meistens kann man das noch nicht artikulieren. Währenddessen feiert die Kreativität große Feste – in fast jeder Lebenssituation, zu fast jeder Tag- und Nachtzeit.

Kreativität in der zweiten Lebenshälfte

Doch die Dinge ändern sich meistens in der zweiten Lebenshälfte, etwa nach dem 35. Lebensjahr. Und später dann, mit etwa Mitte 50, noch einmal. Die ersten Änderungen kündigen sich durch kleine Fehl- und Rückschläge an, die zweiten zeigen sich grundsätzlicher. Geht es bei den ersten um vielleicht kleine Wegkorrekturen – man hat das eine oder andere Hinweisschild übersehen –, wollen die zweiten Änderungen vom Individuum klare Stellungnahmen zu allen Bereichen seines Lebens.

Schon nach den ersten Änderungen, um das 30. Lebensjahr, erlebt man vielleicht im Privaten eine Scheidung, kleine Krankheiten. Im Beruf trennt man sich von Partnern und vermeintlichen Freunden, man erlebt manchmal finanzielle Verluste, macht Fehlkalkulationen. Währenddessen wird auch die Gefahr von Risiken bewusst – und man geht nicht ohne Weiteres neue Risiken ein. Man erlebt sich vorsichtiger als noch vor Kurzem. Gleichzeitig wächst die Sehnsucht nach einer festen Bindung, bei vielen auch nach Familie, Kindern, und man fühlt, dass es gut wäre, wenn man sich hin und wieder in ein Nest zurückziehen könnte.

Sofern man den Drang in sich trägt, in seinem beruflichen Leben etwas Neues zu schaffen, überwiegt angesichts der mit der Geburt von Neuem verbundenen Unsicherheit jetzt häufig die Angst. Gewinnt sie überhand, steht die Kreativität ziemlich bald außen vor; dies wird, auch als Eigenschutz, als eine zu akzeptierende Notwendigkeit hingenommen.

Zugang zur Kreativität

Man sollte sich über diese Zusammenhänge im Klaren sein. Ihre Beschreibungen mögen wie feststehende Abläufe wirken – was sie jedoch keinesfalls sind! Aber tatsächlich zeigen sie sich bei vielen Menschen häufig in Form rhythmisierter Bewegungen; diese Bewegungen transportieren bestimmte Inhalte durch ein individuelles Leben, lassen diese größer werden und zu Ergebnissen führen. Anders gesagt: Ein Unternehmer sollte mit 30 Jahren in anderer Form mit neuen Ideen umgehen als mit 50 Jahren. Er sollte sich aber in beiden Lebensabschnitten den Zugang zu seinem Schöpferischen bewahren.

Wahrnehmung der Umwelt, Reaktionen mit Mustern

Wie kommt es überhaupt zur Kreativität? Wie geht dieser Austausch und Abgleich von unserem Inneren mit dem Äußeren, also mit den sich permanent ändernden Bedingungen, vonstatten? Die im Folgenden gewählten Bilder sind einfach gehalten, damit die Zusammenhänge unmittelbar nachvollziehbar sind.

Es beginnt mit der Wahrnehmung unserer Umwelt. Dies geschieht mit unseren Sinnen. Fünf Sinne hat bereits Aristoteles beschrieben: Sehen, Hören, Riechen, Schmecken, Tasten. Die moderne Physiologie benennt weiterhin die Sinne für Temperatur, Schmerz, Gleichgewicht, Körper-Empfinden. Dann wissen wir inzwischen um weitere sensorische Sinne (z.B. Blutdruck-Rezeptoren im Bereich der Kehle). Die anthroposophische Geisteswissenschaft unterteilt in „mehr physische“ und „mehr geistige“ Wahrnehmungsorgane, damit kommt man bei ihr auf zwölf Sinne.

Man kann sich nun den Kontakt mit der Welt, die außerhalb von uns existiert, folgendermaßen vereinfacht bildhaft vorstellen: Ganz gleich, wie viele Sinne man als gegeben annimmt – bei jedem Außenkontakt nehmen wir mit ihrer Hilfe Informationen auf, die wir innerlich in einen großen Speicher schicken (man sollte sich hierbei nicht den Begriff „Daten“-Speicher einprägen, denn damit verbinden wir lineare bzw. serielle (Computer-)Datenverarbeitung; das, was in uns geschieht, ist weitaus komplexer und findet auf zahlreichen Wahrnehmungsebenen gleichzeitig statt; endgültig gespiegelt und verarbeitet werden die „Informationen“ vom Gehirn).

An dieses „Sammelbecken“ angeschlossen sind die Emotionen, daran wiederum das Modul namens „Handlungsanweisung“.

Hinter dem großen Speicher liegen viele weitere Einzelspeicher, welche alle unsere Erfahrungen beinhalten: Wir haben sie von früher mitgebracht und wir haben sie seit unserer Geburt dort gesammelt.

Alle neuen Sinneswahrnehmungen und Erfahrungen – sie sind für uns kaum begreifbare komplexe Strukturen –, die in den Speicher fließen, werden automatisch mit den Inhalten der Einzelspeicher („Kenn ich das?“) und genauso schnell mit den Emotionen („Gefällt/missfällt mir das?“) abgeglichen. Und ebenso schnell werden – bei den meisten Menschen – Handlungsanweisungen gegeben; diese stellen eine Mischung aus Situationsbezogenheit („Wie sind die aktuellen Bedingungen?“) und Erfahrungen („Wie war das damals? Was habe ich damals getan?“) dar.

Meistens greifen wir zu den Handlungsanweisungen aus den Erfahrungsspeichern/Einzelspeichern. Die Folge: Es laufen permanent (Handlungs-)Muster ab, fast so automatisiert wie Reiz-Reaktions-Schemata.

Den Automatismus unterbrechen

Kann man diese Kette des Automatismus unterbrechen? Ist es

überhaupt notwendig, dies zu tun oder zumindest zu versuchen?

Wenn ein Mensch zu individuellen – und kreativen! – Handlungen fähig sein und diese zur freien Verfügung haben möchte, die einer jeweiligen Situation angemessen sind und eben nicht automatisiert ablaufen, sollte er sich darum bemühen, die beschriebene Kette zu unterbrechen.

Spätestens an dieser Stelle kommt eine weitere Komponente, das (bewusste) Wollen, ins Spiel.

Wenn wir die Kette unterbrechen und zu situativ angemessenen Aktionen finden wollen, bedarf es einer Objektivierung der jeweiligen Situation. Es wollen und müssen die Fragen beantwortet werden: Was ist wirklich in dieser und jener Situation geschehen; was ist tatsächlicher Inhalt dieser Situation? Wie sind die aktuellen Bedingungen tatsächlich beschaffen?

Zur Beantwortung genau jener Fragen – dies kann eine kleine Weile dauern, dies kann aber auch blitzschnell geschehen – muss man sozusagen den eigenen Erfahrungsspeicher verlassen, man muss den unbewusst-unmittelbaren Zugriff auf diesen Speicher unterbinden (wollen). Dann findet man Antworten darauf, was wirklich geschehen ist; sie gibt es ausschließlich außerhalb dieses Speichers.

Antworten finden: Was ist wirklich geschehen?

Wir wiederholen unsere oben formulierte Fragestellung: Wie schafft und erhält man sich den Weg zur Kreativität?

Der bewusste Zugang beginnt mit der Wahrnehmung des Außen, der Welt. Wenn die Wahrnehmung und die daraus folgenden Handlungen jedoch bestimmten Mustern unterworfen sind, wie kann man jemals diese hinter sich lassen und zu einer eigenen, individuellen Gestaltung der Welt, des Lebens finden?

Es gibt zwei übliche Methoden, die zur Lösung verschlossener Fragen angewandt werden; beide führen jedoch nur zu Teilergebnissen. Trotzdem muss man um sie wissen: Wir nutzen eine von beiden permanent, ohne uns dessen bewusst zu sein.

Der erste Weg ist intensives Nachdenken. Er führt direkt ins eigene Innere. Es ist ein Grübeln über die jeweilige Situation, über das zu lösende Problem. Der Fokus liegt jedoch nicht auf der zu bearbeitenden Sache, sondern tatsächlich ganz im Inneren des Menschen, letztlich im Grübeln selbst (ganz banal: jeder, der schon einmal Liebeskummer hatte, kennt diesen Mechanismus des In-sich-Versinkens). Angefeuert wird man dabei durch die eigene Emotion. Es ist eine auf das Denken hin gerichtete, fokussierende Tätigkeit; und wie jede Fokussierung ist sie eine Verengung des Blickwinkels. So wertvoll dies für bestimmte Bereiche sein mag – es ist ein langsamer, mühsamer Weg, und letztlich feiert sich dabei häufig nur der eigene Geist. Je mehr Teilantworten gefunden werden, umso mehr ergötzt sich unser Denken an sich selber, läuft in der Bewegung spitz zu, dreht im Kreis, trudelt. Bei jeder neuen Umdrehung denkt man, endlich die Lösung zu haben – und doch kommt man einem zufriedenstellenden Ergebnis nur marginal näher.

Der zweite Ansatz konzentriert sich total auf die Sache, auf die Materie. Damit ist man ganz im Äußeren. Man betrachtet den Gegenstand, der außerhalb von der Person liegt, den man begreifen möchte, man dreht und wendet ihn, versucht, durch präzises Ansehen, Hören, Fühlen so vieles wie möglich über ihn herauszubekommen. Doch auch dies gelingt nur teilweise. Auch dieses Vorgehen stellt eine Fokussierung dar, auch sie findet – wie schon der erste Weg – im vorderen seriell funktionierenden Teil unseres Gehirns, dem Denkhirn statt. Seriell bedeutet: Das Denken, das Betrachten der Probleme und Suchen nach Lösungen geschieht hintereinander, es läuft ein Schritt nach dem anderen ab.

Die Lösung liegt in der Mitte

Wir suchen immer noch die ungetrübte, klare Wahrnehmung der Welt, dann das Umgehen von Reaktionsmustern und dadurch die eigene Individualität und Identität in allen Handlungen.

Die Lösung, die zum Ziel führt, liegt in der Mitte beider oben beschriebenen Ansätze: Es ist eine dritte Herangehensweise, welche einerseits die beiden anderen in der Balance hält und gleichzeitig ein intensives spürendes, hinfühlendes Betrachten des Problems/Gegenstandes ist. Aus diesem (dritten) fast objektiven Betrachten entspringt der klare innere Impuls zur eigengesteuerten Bewusstheit und Handlung.

Im Prozess der Betrachtung, der Wahrnehmung ist man ganz wach, ganz offen für alles. Jedes Geräusch wird gehört, jede Veränderung im Raum gesehen, jeder Lufthauch und jede Stimmung gespürt – alles gleichzeitig wahrgenommen (nicht seriell/nacheinander!). Man tritt innerlich ein Stück zurück, als schaute man sich selbst über eine Schulter, bleibt trotzdem mit allen Sinnen beim zu betrachtenden Gegenstand, beim Problem, das es zu lösen gilt. Die körperliche Haltung ist sitzend oder stehend aufrecht und wach, gleichzeitig entspannt, aber keinesfalls zusammengesunken und kollabiert. Es entsteht eine gespannte Entspannung im Körper, die immer ein wenig pulsiert, ein wenig zu- und ein wenig abnimmt, also nicht starr ist. In einem Satz gesagt: Die innere Haltung entspricht einer großen Weite, einer lockeren Offenheit, die gut strukturiert ist.

Wir suchen weder das zielgerichtete, verengende Fokussieren noch das Strukturen auflösende, innerlich kollabierende Abdriften ins Allgemeine – es ist beides gefragt, und zwar gleichzeitig.

Noch anders gesagt: Wir suchen das bildhafte Erfassen einer Situation. Das Bildhafte wird im hinteren Teil unseres Gehirns bearbeitet; es verbindet die beiden Hirnhälften, die Großhirnhemisphären miteinander: die linke (zuständig für Sprache, Zahlen; abstraktes, logisches Denken) sowie die rechte (Kreativität, Künstlerisches, Einsicht, Vorstellungskraft).

Dieser Zustand ist Boden für Kreativität. In entspannter (nicht kollabierter!) Wachheit nehmen wir die Dinge und Vorgänge um uns wahr. In diese Offenheit hinein stellen wir unsere Fragen.

Unterstützen können wir dies durch stille Meditation und/oder einfache körperliche Meditation (bestimmte einfache, sich wiederholende Bewegungen); dabei kommt der Geist zur Ruhe.

Und unmittelbar spüren wir, wie Antworten auf unsere Fragen kommen. Und sofort wissen wir, wie wir zu handeln haben – und damit sind wir individuell und authentisch.

Die aufscheinende Idee, die erwartete Antwort kann von alleine auftauchen, unvermutet. Man kann sie auch anlocken, indem man Fragen darüber formuliert, was man erfahren möchte. Auf alle Fälle kommt die Idee aus der Geisteswelt, ist ein Impuls, ein Blitz. Häufig ist dieser Impuls verbunden mit einer starken Emotion und einem starken Wollen: Das muss ich jetzt tun, diesen Gedanken will ich verfolgen, diese Idee will ich in die Tat umsetzen.

Dazu gibt es folgenden Einwand: Ideen und Impulse haben wir Menschen permanent. Woher weiß man, von welcher Qualität ein solcher Gedanke ist? Woher weiß man, ob es ein echter kreativer Impuls ist oder ein Gedanke, der aus einer kalkulierenden Grundhaltung kommt (die Schwelle zum Selbstbetrug ist sehr niedrig!)?

Die Antwort ist einfach: Man muss warten. Ein paar Tage, eventuell zwei Wochen; das sind Erfahrungswerte.

In dieser Zeit befindet man sich in einer Art Schwimmphase, die in jedem kreativen Prozess auftritt; häufig fühlt man sich orientierungslos und zweifelnd. Tatsächlich ist dies eine höchst kreative Zeit, weil sehr viel im Innern geschieht – so unangenehm sich das auch im Gemüt des Einzelnen zeigen mag. Während dieser Zeit stellt sich heraus, ob die Idee oder die Antwort tragfähig ist; ist dies der Fall, konkretisiert sie sich in der Wartezeit meistens von alleine.

Wenn dann das Handeln eingesetzt hat, also im kreativen Prozess, kommt man in eine sich wiederholende Bewegung, eine Art Welle, die ans Land rollt, sich zurückzieht und wiederkehrt.

- Einmal bringt die Welle ein Gefühl der Weite, das man bewusst suchen sollte. Dabei hat man Abstand zum eigenen Tun, man betrachtet die Dinge sozusagen von außerhalb und behält dabei die Übersicht über alle am Prozess beteiligten Faktoren. Mit einem Bild gesagt: Es ist der Blick von einem Hügel in die Weite der Landschaft. Dabei rückt zwangsläufig der Blick fürs Detail an den Rand.
- Die nächste Welle spült die Detailbetrachtung in den Vordergrund. Der Blick wird fokussiert – nicht eng! –, man gibt seinem Wollen einen Impuls: Man kümmert sich peinlich genau um die Ausformung von Kleinigkeiten (die zusammengenommen das Ganze ausmachen). Dabei muss man sich fragen: Ist dieser Teil, den ich gerade betrachte, tatsächlich der, den ich betonen will, der mich interessiert? Drückt sich in dem, was ich jetzt herstelle, fertige, male oder schreibe tatsächlich das aus, was ich gedacht habe und ausdrücken will? Stimmt dabei das äußere Erscheinungsbild mit meinem inneren Bild überein? In Anlehnung an das obige Bild

einer Landschaft: Man geht beispielsweise auf einen Baum zu, der mitten in der Landschaft steht; man betrachtet ihn von Nahem, man studiert seine Konturen, Blätter und Äste, und man überlegt, ob und warum dieser Baum in diese spezielle Landschaft passt.

Die Ergebnisse dieses Prozesses, die daraus gefundenen Antworten, die gemalten Bilder, die getroffenen Entscheidungen sind immer die Antworten des Ichs. Sie sind Antworten und Ausdruck der Individualität. Sie sind höchst kreativ und einzigartig und haben nichts mehr mit Mustern oder übernommenen Wegen zu tun. Für einen Unternehmer sind die Antworten und Ergebnisse pures kreatives Unternehmertum, im besten Sinne.

Den „dritten Weg“ finden

Wie findet man diesen „dritten Weg“, der in die Kreativität führt?

Entscheidend ist, dass man sich auf die Suche begibt. Das mag banal klingen, die innere Bereitschaft fürs Suchen ist aber tatsächlich die Voraussetzung fürs Finden. Man wird feststellen, dass es unterschiedliche (Lebens-)Situationen gibt, in und aus denen dieser Weg – „Lösung in der Mitte suchen“ – entstehen kann. Man kann sich den Weg, welcher den Zugang zur Kreativität öffnet, beispielsweise durch verschiedene Arten von Meditationen (vgl. oben) selber erarbeiten. Man kann sich gute Lehrer suchen, die einen begleiten, führen und entdecken lassen. Es gibt ferner Seminare, in denen man Grundzüge dieser Auffassungen kennenlernen kann.

Was und von wem auch immer man diese Dinge erfährt: Nichts funktioniert letztlich ohne das eigene Üben. Es ist so, als erlerne man ein neues Instrument: Erst regelmäßiges Üben eröffnet dem Musiker den Weg in die Schönheit der Musik.

Wer nur ein wenig recherchiert, stellt bald fest, dass das Lehrer- und Seminarangebot in diesem Bereich unüberschaubar groß ist. Es gibt gute Leute, die meistens im Stillen arbeiten. Es gibt viele Scharlatane, die mit Halb- und Viertelwissen die Menschen anlocken.

Wie stehts um Kriterien, die wertvollen Menschen zu finden? Letztlich kann man sich nur auf den Weg machen, fragen, prüfen, vergleichen, weitersuchen – und sich vor allen Dingen für das Aufspüren und Erkennen sensibilisieren. Auch hier gilt: Das eigene Gefühl weiß meistens viel präziser als der eigene Kopf, welches die geeigneten Menschen und Wege sind. Und dann kann man die Angebote nur noch annehmen, ausprobieren und damit Erfahrungen machen. Die Antworten, die man dann findet, erwachsen aus dem Tun, aus dem Lebendigen. Man bekommt sie niemals auf theoretischem Weg, beispielsweise aus Büchern.

Zusammenfassung, Übungen

- Kreativität ist der Schlüssel zum Ich, zur Persönlichkeit, Individualität.
- Das Ich, die Individualität ist der Kern jeglicher Kreativität.
- Kreativität kann jeder für sich entdecken, jeder auf seinem Gebiet.
- Ein Unternehmer sollte die Kreativität seiner Mitarbeiter hervorlocken, zum Blühen bringen. Dazu muss er in seinem Unternehmen ein Klima schaffen, das die Entstehung von Neuem begünstigt. Dies kann beispielsweise institutionalisiert werden, eine feste Einrichtung sein: eine Stabsstelle, die permanent auf der Suche nach Verbesserungen, neuen Ideen, neuen Produkten aus den Reihen der Mitarbeiterschaft ist. Es können sogar im Unternehmen Preise für besonders kreative Ideen ausgegeben werden. Wichtig: Nicht automatisch die Idee, mit deren Hilfe am meisten Umsatz erzielt werden kann, wird Wettbewerbsgewinner. Jedes Jahr können – beispielsweise auf einer Weihnachtsfeier – die besten Ideen vorgestellt werden.
- Der Prozess des Entdeckens von etwas Neuem, das kreative Sich-treiben-Lassen erfordert – gleichsam ein Paradoxon – sowohl ein Gefühl der Weite, der großen Übersicht, als auch die Fokussierung, das genaue Betrachten eines Details.
- Das scheinbare Paradoxon aus gleichzeitiger Weite und Fokus ist der Schlüssel zur Kreativität. Jeder kann diesen Weg zunächst für sich selbst ausprobieren. Es gibt kleine Übungen, mit denen man spielen kann. Zum Beispiel: Steht man vor einer Wiese (einem

Wald, einer Berglandschaft, einem Fluss), sollte man versuchen, die gesamte Weite und Breite der Weise zu erfassen, in den Blick zu bekommen. Dann dazu noch den Himmel in den Blick bekommen. Dann unmittelbar im Anschluss daran z.B. auf ein Detail zugehen (Zaunpfahl, Baum, Schilfbüschel, etc.).

U.Marketing

Denn nur dem, der den Mut hat,
den Weg zu gehen,
offenbart sich der Weg.

Paulo Coelho

Folgen der Finanz- und Wirtschaftskrise

Die Finanz- und Wirtschaftskrise von 2007 stellt die geltenden Regeln des Wirtschaftens infrage. Trotzdem werden die der Krise zugrunde liegenden Bedingungen nicht geändert, weder für die sog. Real-, noch für die Finanzwirtschaft. Im Gegenteil: Es fehlt in Politik und Wirtschaft der klare Wille zur Analyse und zum Handeln.

Tatsächlich jedoch sind die erwähnten Ereignisse so tiefgreifend für die weltweite Wirtschaft, für die Beziehungen der Länder untereinander, für die Wirtschaft in Deutschland, für die Beziehung von Unternehmen zu seinen Kunden, dass wir uns aufgerufen fühlen, uns um eine neue Auffassung vom Wirtschaften und vom Marketing zu bemühen. Wir sind davon zutiefst überzeugt, dass wir dringend ein geändertes Verständnis von der Produktvermarktung, aber auch von den Produkten selber, vom Produzieren und letztlich von der Unternehmensführung benötigen.

Die vorliegenden Überlegungen dienen dazu, die Dinge von den Wurzeln her zu betrachten und damit denjenigen, die sich ernsthaft für Verändungen interessieren und sich dafür einsetzen möchten, Hinweise für mögliche Wege zu geben.

Verlorenes Vertrauen

Offizielle Verlautbarungen, z.B. von Regierungen, Wirtschaftsverbänden oder Forschungsinstituten, spielen die Auswirkungen der weltweiten Finanz- und Wirtschaftskrise herunter – doch die Menschen spüren deren Folgen. Das gilt ebenso für viele Unternehmen, insbesondere im Finanzsektor: Ihre Kunden sparen, kaufen weniger, schließen weniger Versicherungen ab, sind zurückhaltend geworden mit Kapitalanlagen. Der Hauptgrund für die Vorsicht ist verlorengegangenes Vertrauen: Die Menschen glauben nicht mehr den Versprechungen – und damit den herkömmlichen Marketingkonzepten – von Banken, Versicherungen, Finanzdienstleistern.

Dadurch entwickelt sich eine fast paradoxe Situation: Einerseits greifen viele Menschen auf ihre finanziellen Reserven zurück, um die Krise zu bewältigen, und müssen später ihre Bar-Reserven zusätzlich zu ihrer Altersversorgung wieder aufbauen – andererseits haben sie gerade an jenen Stellen und mit jenen Produkten viel Geld verloren, die angeblich besonders sicher sein sollten. Man bewegt sich im Finanzsektor, fast gezwungenermaßen, obwohl man den dort Handelnden misstraut. Unterm Strich hat dieser gesamte Wirtschaftszweig, der keine Waren produziert, sondern lediglich einen Teil des dafür nötigen Kapitals zur Verfügung stellen soll, in den letzten Jahren sein wichtigstes Asset verspielt: Vertrauen. Und damit ist die Basis für die bisher funktionierenden Marketinganstrengungen nicht mehr gegeben. Die Marketingkonzepte werden zu hohlen Formeln – und die Menschen wenden sich einfach ab, sie wollen nicht mehr „über-redet" und „über-zeugt" werden. Gleichzeitig zeigt sich die Kernfrage für Unternehmen immer deutlicher: Wie gewinnen wir – insbesondere die Finanzbranche – das verlorengegangene Vertrauen unserer Kunden zurück?

Neues modernes Marketing

Wenn wir von einer neuen Auffassung des Marketings sprechen, vom U.Marketing, ist damit eine qualitative Veränderung, eine Verbesserung gemeint. Wir legen einen modernen, weit gefassten Begriff zugrunde: Marketing, also das Vermarkten, das An-den-Markt-Bringen von Produkten, ist eine in der Unternehmensführung angesiedelte Leistung, eine Führungskonzeption. Zum Marketing zählt die Produktion (von haptischen Dingen wie Automobilen, Pianos oder Schrauben sowie von nicht-stofflichen Dingen wie Versicherungs- oder Kapitalanlageprodukten), ferner die Verwaltung eines Unternehmens und auch sein Personalwesen.

U.Marketing

Was bedeutet U.Marketing? Wir haben für unseren Ansatz diesen Namen gewählt, weil die pure Form des Buchstabens „U" den Inhalt unseres neuen Marketing-Begriffs abbildet. Der zentrale Inhalt ist die in Kapitel zwei geschilderte „Bewegung von innen nach außen". Diese Bewegung zeichnet der Buchstabe „U" perfekt nach:

- Der linke Haken des „U" steht für eine „im Äußeren" auftretende Marketingaufgabe (z.B. die Initiierung einer Vermarktungskampagne für ein neues Produkt),
- der nach unten bzw. nach innen führende U-Bogen ahmt die „Be-

wegung nach innen“ nach (die Vermarktungskampagne wird im Sinne des U.Marketings „im Innern“ des dafür Verantwortlichen und/oder dessen Abteilung entwickelt sowie alle damit zusammenhängenden Fragen in konkrete Schritte gewandelt),
- der rechte Haken des „U“ steht für die „Bewegung nach außen“, wo die U.Marketing-Inhalte in den Markt getragen werden.

Wir haben also eine Bewegung, die von außen ihren Anstoß bekommt und dort beginnt, ins Innere geht, wo der äußere Anstoß in Ideen, Konzepte und Marketingkampagnen gewandelt wird, die anschließend in konkretisierter Form nach außen gebracht werden und dort wirken.

Dieser moderne Marketingbegriff entspricht inhaltlich der in Kapitel zwei geschilderten „Bewegung von innen nach außen“, öffnet den Raum für das Kriterium der Qualität, verlangt Individuen bzw. Persönlichkeiten, die verantwortungsvoll für ihre Produkte und deren Verkauf einstehen, verlangt das Herausbilden von Bewusstsein über das eigene Wirkumfeld, und er fordert – fast schmunzelnd – alle am Entwicklungs-, Produktions- und Verkaufsprozess Beteiligten dazu auf, ein hohes Maß an Kreativität zu aktivieren: Wirtschaften und Verkaufen soll Spaß machen!

Das neue, moderne Marketing ist eine breit angelegte Führungsaufgabe. Sie erstreckt sich über die gesamte Kette und beinhaltet die Produktkonzeption, Marktrecherche, Entwicklung, Ressourcen- und Kapitalabwägung und -planung, Personalplanung, Festlegung von Produkt- und Unternehmens-Image, Festlegung der Sprache und der Kommunikationsmittel und -wege, Bestimmung und Organisation der Vertriebswege, Verkauf, Überprüfung und Ursachenforschung der Rückläufer, Querverbindung zum Finanzwesen, Neu-Entwicklungen.

Jedes Unternehmen ist ein Ökosystem

Dem neuen Marketingbegriff liegt die Auffassung zugrunde, dass ein Unternehmen mit einem Ökosystem vergleichbar ist: Alles ist aufeinander bezogen. Alle Produkte, die Mitarbeiter, die Kapitalströme, alle Lieferanten, die gesamte Logistik, die Kunden. Gibt es an einer Stelle des Systems Störungen oder auch nur eine Veränderung, hat

U

dies Auswirkungen auf die Gesamtheit. Anders ausgedrückt: Alle Details des Systems sind gleich wichtig, aber kein Detail ist wichtiger als das Ganze.

Wer dies durchdenkt, stellt schnell fest: Je größer ein System (ein Unternehmen), umso komplizierter ist es, dem – übertragen gesagt – Anspruch eines gesunden Ökosystems standhalten zu können. Und übertragen wir das Ineinandergreifen von ökologischen Zusammenhängen auf eine Unternehmensgruppe, kommen bald Zweifel daran auf, ob der Mensch überhaupt in der Lage ist, ein Konglomerat von Unternehmen sinnvoll zu leiten, seine Beziehungen, Bedingungen und Bedürfnisse in ihrer Vielfalt aufeinander beziehen zu können und dies alles auch noch in Bewegung zu halten.

Schauen wir uns das funktionierende Ökosystem einer Wiese an, stellen wir fest, wie perfekt aufeinander bezogen alles abläuft. Nichts ist zu viel und nichts zu wenig vorhanden, alles hat seine Zeit, jedes Detail benötigt das andere, damit das Ganze entsteht, hinzu kommen Kälte und Wärme und Sonne und Wind – und wir müssen uns alsbald eingestehen, wie unperfekt wir Menschen mit unseren Systemen sind. Betrachten wir dann auch den neben der Wiese liegenden Wald, vielleicht noch den Bach und zehn weitere Wiesen, müssen wir uns eingestehen, dass wir Menschen aus eigener Kraft niemals in der Lage wären, solche komplexen Systeme – z.B. in der Wirtschaftswelt – im Gleichgewicht zu halten. Wahrscheinlich ist das auch nicht unsere Aufgabe. Tatsächlich aber versuchen wir es permanent und überschreiten damit jedesmal unsere Grenzen.

Einige allgemeine Marketing-Fragen für Unternehmen

Obwohl es realistisch betrachtet unmöglich ist, ein Unternehmen so perfekt zu führen, als sei es ein natürliches Ökosystem, kann man jedoch versuchen, Näherungswerte zu erreichen. Denn selbst wenn eine Idee schwierig umsetzbar ist, macht sie das dadurch nicht schlechter.

Mit den folgenden Fragen kann man sich dem skizzierten Begriff des U.Marketing – Marketing in der Bewegung von außen nach innen und wieder nach außen – ein Stück weit annähern, ganz gleich, in welcher Branche man tätig ist.

- Welche Lebensweise – die eigene, die meiner Kunden – unterstütze ich mit meinen Produkten?
- Was sind Stärken und Schwächen unserer Firma, welches unsere Ressourcen (Rohstoffe, Finanzen)?
- Wie gehen wir mit unseren Ressourcen um?
- Haben die Mitarbeiter die gesamte Produktkette und die Auffassung des Unternehmens dazu verstanden?
- Sind die Produkte kompliziert? Inwiefern?
- An welchen Stellen sind sie verbesserungsfähig?

Wir gehen noch ein Stück weiter und sehen uns unter dem Blickwinkel des neuen Marketings einige Arbeitsbereiche in Unternehmen an. Die folgenden Vorschläge für ein Regelwerk, das ein Unternehmen sich selbst geben sollte, sind keinesfalls unumstößlich; sie stellen Hinweise auf das große Ziel dar, ein Unternehmen bzw. das Wirtschaften als „Ökosystem“ aufzufassen und zu betreiben. Auch ein solcher Regelkatalog sollte pragmatisch angegangen werden: Aus jeder Kategorie zunächst jene selbstverpflichtenden Vorgaben heraussuchen, die relativ schnell in konkretes Tun umgewandelt werden können. Mit der Zeit sollte man die Anforderungen an sich und das Unternehmen erhöhen und das Regelwerk vergrößern.

Für die Auseinandersetzung mit den folgenden Vorschlägen für Unternehmensregeln oder auch Leitsätze gilt grundsätzlich die „Bewegung von innen nach außen“. Ferner sollten die Verantwortlichen darauf achten, bei der Erarbeitung, Festlegung, Kommunikation und Umsetzung der Leitsätze/Regeln ihre Mitarbeiter mitzunehmen. Dies ist zweifellos eine eigene Marketing- bzw. Kommunikationsaufgabe – das ist angewandtes U.Marketing.

Unternehmensregeln für Produkte

- Die Produkte müssen einfach sein. Diesem Grundsatz sollte alles untergeordnet werden.
- Auch die Produktlinien müssen einfach sein und von jedem verstanden werden.
- Produkte und Unternehmen bzw. Unternehmenssparten müssen authentisch sein. Es ist z.B. für die Kundschaft eines Herstellers guter, solider Mittelklasse-Limousinen nicht nachvollziehbar,

wenn dieser plötzlich hochpreisige Luxusautos baut und vermarkten will. Das gesamte Image, das Personal in den Werkstätten, die Werbekampagnen – alles ist bürgerlich und bodenständig ausgerichtet; wie soll sich die bisherige Käuferschicht mit einem Luxus-Image arrangieren? Und warum sollen sich Käufer von Luxusautos in einen bodenständigen Verkaufsraum verirren? Ein weiteres Beispiel: Ein Hersteller guter Bleistifte kann leicht ein Luxussortiment mit sehr guten Bleistiften und sogar daran angelehnten hochpreisigen Füllfederhaltern eröffnen. Da bleibt die Authentizität erhalten.

- Die Klarheit in Produkten und Leistungen sollte sich sprachlich ausdrücken lassen: Es muss möglich sein, die Produkte eines Unternehmens und das Besondere daran (also den sog. USP – Unique Selling Point, das Alleinstellungsmerkmal) in ein, zwei Sätzen allgemeinverständlich zu beschreiben.
- Die Produkte sind immer die besten ihrer Art. Qualität steht obenan. Dabei muss definiert werden, worauf sich „das Beste“ bezieht: zum Beispiel auf die Materialien, auf die Form des Produktes, auf Sicherheit, Langlebigkeit, Funktionalität, Verhältnis von Rendite zu Risiko (z.B. bei Kapitalanlagen).

Das bedeutet: Jedes Unternehmen muss für sich individuell definieren, an welchen Stellen es so gut ist, dass es diese Punkte als qualitativ hochwertig herausstellen kann. Die Mitarbeiterschaft muss das erkennen können, die Kunden müssen es verstehen. Dazu werden die jeweiligen Bedingungen für „gut“ bzw. Qualität definiert: Ein Gelände-Automobil muss für andere Bedingungen „gut“ sein als eine Limousine.

- Jedes Produkt unterliegt einer kompromisslosen Garantie. Ist ein Kunde unzufrieden, wird unverzüglich nachgebessert.
- In jedem Produkt ist die besondere Form- und/oder Produktsprache eines Unternehmens erkennbar.
- In jedem Produkt, in jeder Empfehlung, in jeder Dienstleistung muss sich die Identifikation, die Liebe des Unternehmens zu seinen Dingen zeigen. Ganz gleich, ob die Leistung hochpreisig ist oder nicht. Eine (Dienst-)Leistung, die am wenigsten einbringt, wird mindestens so gut gemacht wie diejenige, die hohe Provisionen

verspricht. Der Grund dafür liegt auf der Hand: Einen Kunden interessieren keine Provisionen, mitunter sogar nicht der Preis; er möchte seinen Wunsch erfüllt oder sein Problem gelöst haben.

- Werden neue Produktdetails gewünscht, sollte versucht werden, nichts Neues zu erfinden, sondern etwas Neues zu entdecken. Steht die Vokabel „erfinden“ im Raum, ist der Anspruch sehr hoch. Das Wort „entdecken“ beinhaltet für diese Zwecke einen ähnlichen Raum, macht aber die Arbeit für alle Beteiligten einfacher.
- U.Marketing kümmert sich um die Beantwortung der Frage, wie teuer bzw. aufwendig es ist, ein neues Produkt in bestehende Produktlinien zu integrieren und zu vermarkten. Ein Beispiel: Bei einem Kleiderproduzenten bedeutet jedes neue Stück in der Kollektion letztlich die Einstellung von zwei bis drei neuen Mitarbeitern.
- Kein Produkt, keine Dienstleistung ist so gut, als dass es nichts zu verbessern gäbe. Optimierungen sollten ein permanenter Prozess sein, der nicht infrage gestellt wird.

Unternehmensregeln für den Umgang mit Lieferanten, Dienstleistern

- Die Beziehungen zu Lieferanten und Dienstleistern sollten gepflegt werden. Es ist viel einfacher und preisgünstiger, langfristige Beziehungen einzugehen, als häufig die Lieferanten zu wechseln.

Unternehmensregeln für die Selektion der Vertriebswege

- Der leitende Gedanke im Vertrieb ist: Partnerschaft, fairer Umgang miteinander.
- U.Marketing weiß um die Relevanz mehrerer Vertriebswege. Herkömmliches Marketing wehrt sich dagegen, spricht von Kannibalisierung, Aushöhlung, von unerwünschter Konkurrenz im eigenen Haus. Der moderne Ansatz sieht den permanenten Wandel; er achtet darauf, dass die Menschen auf den unterschiedlichen Wegen voneinander lernen. Man ist sich bewusst, dass jeder Kanal eigenes Fachwissen erfordert; doch dieses kann auf andere Vertriebsschienen transferiert werden. Wenn ein Kanal erfolgreicher

als der andere ist, wird das Produkt bekannter, und alle Kanäle profitieren davon.

- Die Menschen im Vertrieb werden als Partner begriffen: Sie werden dabei unterstützt, erfolgreich zu sein, ihre Ziele zu erreichen. Dazu bekommen sie ausgezeichnetes Verkaufsmaterial an die Hand.
- Gibt es mehrere, konkurrierende Vertriebsorganisationen, werden die Gemeinsamkeiten herausgearbeitet und die Partnerschaft gesucht. Der leitende Gedanke dabei ist: Wir machen den anderen stark, denn von seiner Stärke profitieren alle.
- Das Internet wird ebenfalls als Vertriebsweg begriffen. Die diesem Medium eigenen „Gesetze“ werden verstanden und angewandt. Die Möglichkeiten viralen Marketings werden geprüft und kommen ggf. zur Anwendung. Suchmaschinen-optimierte Texte werden geschrieben, die Preise sind immer auf aktuellem Stand, mithilfe der Suchmaschinen von Intranet und Extranet finden Vertrieb und Kunden alle gewünschten Informationen. Immer wieder werden Sonderaktionen im Internet angekündigt und mit großer Resonanz in die Vertriebskanäle gegeben.

Unternehmensregeln für Kundenpflege

- Jeder Kunde soll nur einen einzigen Anruf machen und nur eine einzige Email schreiben müssen, um erschöpfende Antwort auf seine Frage zu erhalten.
- In der Kundenpflege zählt es nicht als ausreichender Kontakt, einem Kunden auf Band zu sprechen; „ich habe niemanden erreicht“ zählt ebenfalls nicht.

Unternehmensregeln für das Erstellen von Texten

- Es ist wichtig, eine eigene (Marketing-)Sprache zu entwickeln. Man sollte nicht den unzähligen Tipps und Empfehlungen folgen; dort wird davon gesprochen, an die Eitelkeit der Menschen zu appellieren, Verknappungen herauszuarbeiten und damit zu drohen, die Leser schuldig zu machen oder ihnen zu schmeicheln etc. Letztlich wenden sich die Kunden ab, sobald sie diese Taschenspielertricks durchschaut haben. Man sollte daher unbedingt in seinen Marketingtexten authentisch bleiben.

- Man muss wissen (damit man nicht verzweifelt): Gute Texte zu schreiben ist die Königsdisziplin.

Unternehmensregeln für das Unternehmensimage, Corporate Design

- Image, also der Gesamteindruck, den man z.B. von einer Person, einem Produkt oder einem Unternehmen hat, vermittelt sich auf der Gefühlsebene. Denkt ein Unternehmer und/oder ein Marketingspezialist über das zu entwickelnde Image eines Produktes nach, sollte die oberste Regel lauten: Authentizität. Das bedeutet, dass ein Unternehmer immer sich selber im Blick haben muss. Zudem muss er seine Produkte/sein neues Produkt, für das er ein Image entwickeln möchte, im jeweiligen Markt- und Kundenumfeld erfassen; sein eigenes Unternehmen rückt ebenfalls in die Betrachtungsebene.
  Folgende Fragen spielen eine Rolle: Welches Bild habe ich von mir als Unternehmer? Und wie bin ich tatsächlich veranlagt? Eher hemdsärmelig-bodenständig? Eher hanseatisch-kühl? Bin ich abwartend? Bin ich in der Verfolgung meiner Ziele aggressiv? An welcher Stelle unter Mitbewerbern, Kunden, in der Produktlinie meines Unternehmens sehe ich mein Produkt angesiedelt? Wie sehe ich mein Unternehmen? Wie passen Produkt und Unternehmen zu mir? Diese und zahlreiche weitere Fragen müssen beantwortet werden, wenn ein sinnvolles Produkt- oder Firmen-Image entwickelt werden soll.
- Schnell landet man im Themenbereich von Corporate Design und Corporate Identity. Die folgenden Fragen sind Hinweise auf die Bereiche, über die nachgedacht werden soll.
  Welche Bildmarke entspricht dem Unternehmen? Welche Gefühle löst das bestehende Logo der Firma aus? Welche Farbfamilien passen zur Firma, zu den Produkten? Welche Schriftarten gehören dazu? Welche Bilder wählt ein Unternehmer unter der Maßgabe aus, dass sie sein Geschäft repräsentieren sollen?
  Es ist sinnvoll, auch an diesen Stellen immer wieder die „Bewegung von innen nach außen“ zu suchen: Soll z.B. die Nachhaltig-

keit von Produkten betont werden, muss man sich über dessen Bedeutungsinhalte im Klaren werden; diese müssen sich in Farben, Bildern, Bildschnitten spiegeln, das Gefühl von Nachhaltigkeit sollte sich zudem in der Papierqualität der Broschüren zeigen.

Das Entsprechende gilt für alle weiteren abstrakten Begrifflichkeiten wie Geschwindigkeit, Genuss, Sicherheit etc.: Zunächst müssen die Bedeutungen „im Innern" gesucht werden, dann erfolgt die Umsetzung ins Äußere (Logo, Farben, Bilder, etc.).

Alle diese Vorschläge und Überlegungen, teilweise ausgereift, teilweise angedeutet, bilden Leitlinien in der „Bewegung von innen nach außen" hin zum U.Marketing.

Zusammenfassung, Übungen

- U.Marketing ist eine Marketing-Neudefinition mit dem Ziel der Verbesserung von Produktvermarktung, Produkten sowie Unternehmensführung.
- Jede Optimierung folgt der „Bewegung von außen nach innen nach außen": Es erfolgt ein Anstoß von aussen, dann muss der „innere" Raum eines Produktes sowie der verbundenen Unternehmensbereiche ausgeleuchtet werden (Produktbeschreibung, Marktrelevanz, Mitbewerber, Stellung eines Produktes zum Unternehmen und den bisherigen Marketingstrategien, Identifikation der handelnden Personen mit dem Produkt etc.), dann erfolgen nach „außen" gerichtete Marketingschritte und Verkaufsmaßnahmen.
- Moderner Marketingbegriff: Jedes Unternehmen gleicht einem Ökosystem. Alles wird als aufeinander bezogen begriffen und sukzessive danach ausgerichtet. Dabei sind sicherlich nur Näherungswerte erzielbar, das Entscheidende ist jedoch die Grundauffassung, die Idee des Ökosystems.
- Zum Erfassen des modernen Marketingbegriffes: Sich z.B. an einem Wochenende die Zeit nehmen, die Natur zu beobachten (Wald, Wiesen, einen Fluss, das Meer). Das Beobachten mit einer konkreten Frage verbinden. Z.B.: „Ich möchte die Zusammenhänge verstehen lernen." Oder: „Warum gibt es so viele Insekten in dieser Wiese?" etc. Es werden sich Antworten zeigen, vielleicht

Bilder. Dieses Gefühl(!) muss man sich unbedingt merken. Dann im Geiste durch die eigene Firma gehen, die Produkte betrachten, sich die Art und Aussagen des Verkaufens vergegenwärtigen, das Bild einiger Mitarbeiter „aufrufen“. Das entstehende Gefühl unkommentiert neben das der Naturbetrachtung stellen.

Gute Texte

vier

Die Sprache ist wie ein Kind:
Wer sie versteht, darf mit ihr spielen.

JB

Nur Aufgaben für Sprachprofis?

Mit jeder Veröffentlichung gibt ein Unternehmen etwas über sich bekannt und preis. Die gewählten Worte, alle Texte, Broschüren, Hauszeitschriften und selbst die Geschäftsbriefe sind Teile des Außenauftritts und damit des Marketings. Wir haben unsere moderne Auffassung von Marketing, das U.Marketing, als Führungsaufgabe definiert. Sie begreift ein Unternehmen als eine Art Ökosystem, also ein Gebilde, in dem alle Funktionen, Abläufe, Produkte und Beziehungen als zusammenhängend und aufeinander bezogen verstanden werden. Die Sprache, streng genommen sogar die ihr vorausgehenden Gedanken, zählt nicht nur dazu, sondern nimmt eine zentrale Position ein. Daher gehört zum U.Marketing das Nachdenken über den Umgang mit der Sprache (vgl. Kapitel „Zwei: Neue Ethik", dort den Abschnitt „Grundsatz 3: Individualität").

Geht es um die Unternehmenskommunikation, zu der die Sprache zählt, bedienen sich viele Vorstände und Geschäftsführer eines oder mehrerer Profis. Entweder sie stellen Mitarbeiter für die Abteilung „Öffentlichkeitsarbeit" und/oder „Werbung" ein, Public Relations- oder Marketing-Leute, oder sie beschäftigen mit diesen umfangreichen Aufgaben externe Dienstleister, meistens PR-, Marketing- oder Werbeagenturen.

Die übliche Vorgehensweise der Geschäftsleitung ist, die Aufgaben von Öffentlichkeitsarbeit, Marketing und Werbung zu definieren, zu delegieren und damit in einen Verantwortungsbereich zu schieben, den man im Ernstfall – wenn irgendetwas unerwünscht läuft – dafür haftbar machen kann. Aus Sicht eines Vorstands bzw. Geschäftsführers ist damit seine Arbeit erst einmal erledigt.

Dies ist jedoch ein Trugschluss. Das Delegieren ist an dieser Stelle falsch. Warum?

Was geschieht beim Sprechen?

Gibt ein Vorstand seinen Einfluss auf die Unternehmenssprache aus der Hand, räumt er ein kraftvolles Gestaltungsfeld und verschenkt ein machtvolles Instrument der Einflussnahme – Einflussnahme nach innen, also aufs Unternehmen, dessen Mitarbeiter, deren Familien, und nach außen, also auf die Öffentlichkeit.

In der Sprache liegt eine tiefe Kraft, weil in ihr Ströme zusammenfließen, die etwas Ursprüngliches in uns Menschen berühren. Abgesehen von physiologischen Vorgängen ist allgemein wenig darüber bekannt, was Sprache tatsächlich bewirkt, wie sie funktioniert oder warum sie überhaupt vorhanden ist. Die folgenden Beschreibungen sollen ein paar Aufschlüsse darüber geben.

Die Atemluft ist eines unserer Medien für den Kontakt mit der Welt: Partikel aus der Außenluft, Wärme und Kälte, Nässe und Trockenheit, also alles körperlich Wahrnehmbare, strömen mit der Atemluft in unseren Körper. Aber nicht nur das: Wir nehmen ebenso unsichtbare – nur mit geübten Sinnen spürbare – Einflüsse, Schwingungen und Stimmungen über die Luft auf (vgl. Kapitel „Zwei: Neue Ethik“, dort „Grundsatz 4: Bewusstsein“).

Dies ist die gleiche energetische Bewegung in Form eines „U“, die wir weiter oben beschrieben haben und die Namensgeber für das U.Marketing ist: Das „U“ bezeichnet die – nach einem äußeren Impuls begonnene – Bewegung von innen nach außen.

In unserem Körper, in unserer Lunge wandeln wir die eingeatmete Luft, bauen sie in unser Blut, dem Träger unseres Ichs, ein, und nehmen dabei die „mitgebrachten“ Partikelchen ebenfalls in unser körperliches System auf. Durch die Art dieser Abläufe hat das Äußere direkten Zugriff nicht nur auf unser Inneres, unseren Körper, sondern über das Blut in das noch tiefer liegende Seelische.

Umgekehrt, beim Ausatmen, nimmt die Luft den gleichen physischen Weg. Dabei strömt sie durch unseren Kehlkopf, durch die Stimmlippen – und wenn wir eine Intention verspüren, uns der Außenwelt mitzuteilen, entsteht durch diesen Gedankenimpuls ein Zusammenspiel verschiedener Muskelgruppen in unserem Körper (u.a. Zwerchfell, Rippen, Bauch) sowie im Kehlkopf, Hals, Rachenraum und Kopf und erzeugt ein Wort, einen Satz. Die Luft transportiert diesen Satz nach draußen in den Raum, wo er sich über Luftschwingungen anderen Menschen mitteilt und von ihnen gehört wird. Diesen Vorgang nennen wir sprechen.

Die Luft ist also ein wertvolles Transport- und damit Kontaktmedium. Sie ist inhaltlich angereichert mit physischen und nichtphysischen Inhalten. Nicht-physisch ist unser Gedankenimpuls, der

Gedanke selber; nicht-physisch ist auch unsere Emotion, das, was wir in dem Moment gefühlt haben, als wir den Gedankenimpuls in physisch in Erscheinung tretende Sprache umwandelten. Und physisch sind ebenfalls die Abfallstoffe unseres Körpers, die die Luft auf ihrem Weg nach außen mitnimmt.

Über 99 Prozent dieser Abläufe denken wir niemals nach. Alles geschieht wie selbstverständlich, vollkommen automatisch. Ein Bewusstsein dafür, dass hinter den geschilderten Selbstverständlichkeiten komplizierte Zusammenhänge stehen, haben die wenigsten Menschen; eine Ahnung davon bekommen wir höchstens bei Krankheiten wie Erkältungen oder auch einer Lungenentzündung.

Keine Zeit für Sprache?

Die Sprache ist etwas Ureigenes von uns Menschen. Da stellt sich die rhetorische Frage: Und dies soll jemand, der Unternehmen leitet, der große Verantwortung für viele Menschen trägt, aus der Hand geben?

„Die Zeit, die Zeit!“, stöhnen Vorstände und Geschäftsführer. Jetzt soll man sich auch noch um die Sprache kümmern – wann soll man das alles machen?!

Selbstverständlich sind die Terminkalender voll, und es gibt objektiv wichtige Entscheidungen zu treffen, mal mehr, mal weniger, manchmal drängend, häufig Routine-Angelegenheiten. Doch muss man dafür selbstverständlich den offiziellen Umgang mit der Sprache ausschließlich den beauftragten Profis überlassen? Die Unternehmenszahlen vertritt doch auch nicht der Controller alleine!?!

Wichtige Grundregeln

Wie kann man sich die Einflussnahme eines Vorstandes auf die sprachlichen „Äußerungen“ seines Unternehmens vorstellen? Gibt es Regeln für einen sorgsamen, sinnvollen Umgang mit sprachlichen Äußerungen?

Beginnen wir mit dem zweiten Punkt. Einige Grundsätze sind:

- Die Sprache soll einfach und klar sein. Dies gilt für jedes Unternehmen. Jeder Fachmann – sei es ein Ingenieur in einer komplizierten Spektrometer-Entwicklung oder der Volkswirt in einem

Finanzdienstleistungsunternehmen – hat sein Spezialgebiet und argumentiert fast immer, dass sein Bereich mit all seinen Facetten höchst kompliziert sei. Trotzdem kann man auch komplizierte Zusammenhänge einfach ausdrücken. – Dies kostet fraglos einiges an Mühe: Manch einer fühlt sich plötzlich verloren, mitunter auch überfordert, wenn er nicht mehr auf die gewohnten Floskeln und Formeln zurückgreifen soll. Doch da zählt nur eines: Üben, üben. Der Erfolg lässt meistens nicht lange auf sich warten.

- Möglichst Fremdwörter vermeiden.
- Floskeln und Modewörter vermeiden.
- Bei Marketingtexten die häufig genannten Tipps (z.B. „an die Eitelkeit der Menschen appellieren", „Verknappungen sprachlich herausstellen und damit drohen", „die Leser schuldig machen oder ihnen schmeicheln") kritisch überprüfen. Solche „Schreibmoden" kommen und gehen. Man lässt sie besser dort, wo sie herkommen. Viel wichtiger: Authentisch schreiben und reden.
- Keine Behördensprache („bezugnehmend auf ...", „zwecks Anbahnung ...").
- Möglichst keine Adjektive einsetzen.
- Bildhaftes Schreiben hat nichts mit dem Einsatz von Adjektiven zu tun.
- Passivischen Satzbau vermeiden („werden/wurden gemacht...") – aktiv schreiben.
- Kurze Sätze sind kein Zeichen für Qualität; zu häufig eingesetzt, werden sie langweilig.
- Die Länge der Sätze richtet sich beispielsweise nach dem Thema, dem Medium (Brief? Zeitschrift? Pressemitteilung?). Eine Faustregel lautet: Lange Sätze „verlangsamen", kurze Sätze „beschleunigen" einen Text.
- Bitte sich vom Aufbau eines Deutschaufsatzes, wie er in der Schule gelehrt und gelernt wird, verabschieden. Dort gilt die Regel: Anfang, Spannungsanstieg, Höhepunkt, Schluss. – Selbst wenn man diese dramaturgischen Punkte beibehalten möchte, kann man deren Reihenfolge selber festlegen. Journalistisches Schreiben richtet sich beispielsweise nach folgenden Regeln: Das Wichtigste kommt am Anfang; ferner sollen im Text die „fünf W" beantwortet wer-

den (Wer? Wann? Wie? Warum? Womit?) – die Reihenfolge der Antworten kann durchaus variieren.

- Vor dem Schreiben des ersten Wortes sollten folgende Fragen beantwortet sein: Was ist die Kernaussage des Textes? Was will ich wirklich sagen? Selbst wenn man nicht alles öffentlich äußern möchte, sollte man sich unbedingt verdeutlichen, was man sagen und was man zurückhalten möchte.
- Nach dem Schreiben das Geschriebene in Ruhe lesen, vielleicht sich sogar (halb-)laut vorlesen: Ist das, was ich (vor-)lese, auch das, was ich meine/sagen will?
- Eine Rede (beispielsweise auf einer Mitarbeiterversammlung, einem Vertriebstreffen oder der Hauptversammlung) gehorcht anderen sprachlichen Regeln – und zwar insbesondere in Bezug auf den Aufbau (anfangs überraschen, Spannungsbogen beachten, maximal zwei Höhepunkte einbauen) sowie auf das Sprachtempo und damit auf die Länge der Sätze. Bei einer Rede gilt umso mehr das Gebot der Klarheit der Aussage.

Die (Sprach-)Arbeit eines Vorstands

Wenden wir uns der zweiten Frage zu: Wie können Vorstände oder Geschäftsführer sich um die Sprache in ihren Unternehmen kümmern? Auch hierzu einige Hinweise.

- Mit einem Sprachprofi – z.B. einem guten, erfahrenen Journalisten – einige wenige Sprachgrundsätze festlegen. Dabei können beispielsweise Wörter benannt werden, die in Geschäftsschreiben und anderen Texten nicht auftauchen sollen (z.B. Modewörter, Anglizismen). Es kann ferner festgelegt werden, in welchem Stil beispielsweise Geschäftsbriefe verfasst werden (förmlich, etwas lockerer; wie spricht man die Geschäftspartner an? etc.). Es ist mitunter sinnvoll, Musterbriefe für unterschiedliche Kommunikationsanlässe zu formulieren.
- Besondere Aufmerksamkeit verdient das Schreiben von Emails. Es beginnt mit der „Betreff"-Zeile. Diese sollte so formuliert sein, dass der Empfänger 1. neugierig und 2. informiert wird. Man muss sich klarmachen, dass das Internet ein schnelles Medium

ist – und (wie der Guru aller Medien-Theoretiker, der Philosoph Marshall McLuhan, in den 1960er Jahren formulierte) dass das Medium selbst die eigentliche Botschaft ist („The medium is the message"). Dies bedeutet: Die per Email versendeten Texte müssen dem „Transport"-Medium entsprechen. Sie müssen also „schnell funktionieren", knapp, klar, eindeutig und widerspruchsfrei sein. – Viele Menschen nehmen dies als Aufforderung, schlampig und ungenau zu formulieren, in der Ansprache zu direkt, fast unverschämt, oder zu zurückhaltend zu sein, auf Grundregeln von Rechtschreibung und Zeichensetzung zu verzichten. Vor diesem gesamten Hintergrund wird deutlich: Das Schreiben von Emails erfordert eine größere Aufmerksamkeit als das von Briefen, denn dort, in diesem „langsamen Medium", bemüht man sich fast automatisch um eine gute Ausdrucks- und Schreibweise.

- Die erarbeiteten Grundsätze und Texte offensiv mit Abteilungsleitern und deren Sekretärinnen diskutieren, dabei die Linie des Unternehmens erläutern. Das Gegenüber muss den Geist, die Absichten der gewählten Kommunikationsformen verstehen; erst dann können diese auch von anderen Personen übernommen und angewendet werden.
- Werden Broschüren in Zusammenarbeit mit einer PR-/Werbe-/Marketing-Agentur erarbeitet, sollte sich der Vorstand mindestens bei der ersten (Unternehmens-)Broschüre die Zeit nehmen, Formulierungen mit dem Texter/der Agentur genau durchzusprechen. Dabei sollten – falls nötig – Begrifflichkeiten für weitere Broschüren festgelegt werden.
- In Zusammenarbeit mit einer Agentur ist das sogenannte Briefing enorm wichtig: Dabei wird die Agentur über das jeweilige Projekt, das sie z.B. in Form von Broschüren oder auch Websites umsetzen soll, eingehend unterrichtet. An dieser Stelle werden viele Fehler gemacht; meistens sind die Briefings zu unergiebig, weil das Unternehmen nicht weiß, welche Art von Informationen die Agentur braucht – und andererseits weiß häufig die Agentur nicht, wie und wo sie nachfragen muss. Missverständnisse und viel Arbeit sind die Folge. Daher sollte in diesen Briefings präzise gearbeitet werden.

GUTE

texte

Die Chance eines Unternehmers

Wir kehren an den Anfang dieses Kapitels zurück. Warum sollte sich die Geschäftsführung unbedingt um eine angemessene Unternehmenssprache bemühen?

In die Sprache, gesprochen oder geschrieben, fließen viele Inhalte der Geschäftsführung ein: ihre Gedanken, Absichten, konkrete Ziele, Emotionen und vieles andere mehr. Daher hat ein Vorstand an genau dieser Stelle die Möglichkeit, relativ unauffällig, jedoch präzise und äußerst weitreichend seine Vorstellungen von Unternehmensführung, Produkten, Innovationen oder Mitarbeiterführung im Wortsinn festzuschreiben. Diese Chance sollte sich kein verantwortungsbewusster Unternehmer nehmen lassen.

Das Beispiel „Manufactum“

Ein gutes Beispiel für Firmentexte, die komplett die Ziele, die gesamte Geschäftsphilosophie und damit das Image des Unternehmens transportieren, ist der Katalog des Einzel- und Versandhandelsunternehmens Manufactum GmbH & Co. KG. Firmengründer ist der ehemalige nordrhein-westfälische Grünen-Geschäftsführer Thomas Hoof. Er vermarktet (angeblich vergessene) Handwerkstraditionen, hochwertige Materialien und nostalgische Ästhetik dadurch, dass er jedem Produkt mit einer ausführlichen, lakonisch brillant geschriebenen Geschichte einen eigenen Charakter verleiht. Diese Art des Schreibens der Texte hatte Hoof erfunden und zumindest in der Anfangszeit selber praktiziert. Ein Beispiel: „Gießkanne verzinkt rund. Eine ältere Kannenform, hergeleitet vom einfachen Eimer, die sogenannte englische Form: Einer der beiden Tragegriffe läuft, gleich einem Eimerhenkel, quer über die Kanne; hinten am Kannenkörper ist zusätzlich ein weiterer, kleiner Griff angebracht. Die Kanne lässt sich also beidhändig fassen und ist damit auch dann noch sehr gut zu handhaben, wenn sie bis zum Rand gefüllt ist.“ Selbst Banalitäten sind anschaulich und liebevoll beschrieben – auf eine Weise, dass man die Dinge sofort kaufen möchte.

„Deutsch für Profis"

Wir schließen dieses Kapitel mit einem Zitat des renommierten Journalisten und Sprachlehrers Wolf Schneider aus seinem Buch „Deutsch für Profis": „Sprache wird verwendet, verformt, verschlampt und aufgeblasen in Finanzämtern und Diskotheken, in soziologischen Seminaren und bei Schützenfesten. Niemand wundert sich, dass sie dort weder liebevoll behandelt wird noch zu frischer Kraft erblüht. Beides muss andernorts beginnen: in den Schulklassen und Redaktionen." Wir fügen hinzu: „... sowie in den Pressestellen von Unternehmen und Behörden."

Zusammenfassung, Übungen

- Die Sprache ist eine der wichtigsten Stärken eines Unternehmens.
- Eine Firma sollte sich einen Sprachkodex geben und diesen schriftlich fixieren (z.B. welche Begriffe in Geschäftsbriefen vermieden oder welche Produkte wie bezeichnet werden).
- Jeder Vorstand/Geschäftsführer sollte sich – zumindest in der Anfangszeit und auch in regelmäßigen Abständen – um die Unternehmenssprache kümmern: Geschäftsbriefe, die Hauszeitschrift, Werbe-/Prospektmaterial lesen.
- Die eigene Sprache schulen: von anderen lernen. Z.B. den Manufactum-Katalog besorgen und lesen. Oder: den Geschäftsbericht des Unternehmens Vorwerk lesen.
- Beim Lesen der Tageszeitung spielerisch die oben formulierten „Grundregeln" überprüfen.
- Im Lokalteil einer Tageszeitung die Polizeimeldungen lesen. Man wird feststellen, dass einige dieser Meldungen sehr hölzern und andere lebendig geschrieben sind. Die ersteren hat der Zeitungsredakteur wahrscheinlich wörtlich aus dem Polizeibericht übernommen, die zweiten wurden neu formuliert. – Versuchen Sie, selber eine Polizeimeldung zu formulieren. Ein kleiner Hinweis: Es gibt keine Autos mit Ärmchen – daher kann ein Auto keinen Fußgänger „erfassen", sondern vielleicht „anfahren und verletzen".
- Man sollte einmal den Versuch unternehmen, ein Ereignis des ei-

genen Unternehmens in Form einer Nachricht zu formulieren (mit Hilfe der „fünf W“: Wer? Wann? Wie? Warum? Womit?).

fünf

Geld

Wenn wir nur für das Geld und den Gewinn arbeiten, bauen wir uns ein Gefängnis und schließen uns wie Klausner ein. Geld ist nur Schlacke und kann nichts schaffen, was das Leben lebenswert macht.

Antoine de Saint-Exupéry

Zu einem Plädoyer für eine neue Wirtschaftsethik gehört das Thema Geld. Wird über Geld nachgedacht und geschrieben, geschieht dies meist ideologiebehaftet. Dies ist insbesondere in Zeiten der Fall, wo liebgewonnene, eingelaufene Wege in Frage gestellt werden. Im vorliegenden Buch ist unser Bestreben, die Ideologie unberücksichtigt zu lassen. Es ist das Ziel, zu einem Begreifen jenes Phänomens zu kommen, auf das sich seit wenigen Jahrzehnten zunehmend das Leben der Menschen in den meisten Industrieländern konzentriert: Das Geld hat sich verselbstständigt, sein Erwerb ist für viele Menschen Selbstzweck geworden, sein Tauschwert längst nicht mehr an konkrete Waren gebunden. Wir fragen nach der Bedeutung von Geld und danach, ob und inwiefern sein Besitz den Besitzer verändert. Das erlaubt wiederum persönliche Rückschlüsse auf den grundsätzlichen Erwerb und die Menge des Besitzes von Geld.

Geld ist Tauschmittel

Ein erster Zugang ist die Frage: Warum überhaupt brauchen wir in unseren Gesellschaften und unserer Wirtschaft Geld?

Es ist ein Tauschmittel. Ein Beispiel: Ein Bauer muss nicht einen Sack Korn in ein Computergeschäft tragen, um damit einen Rechner zu bezahlen; er legt Geld auf die Theke, aber wahrscheinlicher noch nicht einmal das: Er überweist das Geld und zahlt damit bargeldlos.

Woher hat der Bauer das Geld? Aus dem Verkauf von Waren, beispielsweise seines Getreides. Um das Getreide in Händen zu haben, musste er dafür arbeiten.

Geld ist Wertmesser

Worin besteht das Verhältnis zwischen Arbeitsleistung und Ware? Der Normalfall ist, dass fast jeder von uns beispielsweise einen Tag, eine Woche, einen Monat lang arbeitet und in dieser Zeit durch seine Tätigkeit einen definierten Wert erwirtschaftet. Stellt man die Arbeitsleistungen verschiedener Menschen nebeneinander, sehen wir unterschiedlich gefüllte imaginäre „Wertkonten". Im Sinne eines funktionierenden sozialen Miteinanders hat jeder dieser Menschen unausgesprochen einen mehr oder weniger großen Anspruch auf Teile des „Wertkontos" eines anderen. Jemand, der beispielsweise in der

Endkontrolle für Automobile arbeitet, hätte nach diesem Verständnis Teilanspruch auf die Leistungen, die ein Lehrer erbringt, und dieser wiederum auf die Leistungen eines Bauern. Das Handelsmittel, um die vielfältigen Tätigkeiten bzw. „Wertkonten" unserer Gesellschaft gegeneinander ab- und auszugleichen, ist das Geld. Insofern hat es die Funktion „Wertmesser einer Leistung, einer Ware etc".

Was geschieht, wenn jemand z.B. krank wird und nicht arbeiten kann? Lassen wir der Einfachheit halber den Gedanken einer Versicherung außen vor, wird deutlich, dass Ersparnisse zurückgelegt werden müssen.

Geld, Banken, Gesellschaft

Gehen wir nun einen Schritt weiter und fragen nach der „Lagerung", dem Verbleib des ersparten Geldes, landen wir schnell beim Bankensystem, wo z.B. das Spargeld in das System zurückgegeben und als Gegenleistung dafür Zinsen kassiert werden.

Eine wichtige Frage ist die nach der Verweildauer des Geldes im Bankensystem. Wenn es dort zwischen beispielsweise Banken und Sparkassen, Investmentbanken, Volks- und Raiffeisenbanken und internationalen Großbanken kursiert, wenn Menschen in diesem Wirtschaftszweig damit in irgendeiner Form agieren und dies städte-, länder- und kontinenteübergreifend tun, bleibt das Geld während dieser Zeit den Produktionsabläufen vorenthalten. Es befindet sich damit außerhalb der Grenzen und Funktionen, denen wir es ursprünglich zugewiesen haben. Wenn also eine Gesellschaft, eine soziale Gemeinschaft festlegt, dass Geld ein Tauschmittel und ein Mittel zur Wertbemessung von Leistungen ist, sollte diese Gesellschaft eindeutig definieren, ob und wie lange es andere Funktionen einnehmen darf.

Legt man diese Gedanken zugrunde, sollte man sich weiter fragen, wie es nach einem solchen Verständnis um das Geld steht, das aus puren Geldgeschäften generiert wird? Also beispielsweise aus Zins- und Zinseszinsvereinbarungen, aus Derivatehandel, aus Termingeschäften etc. Dabei wird man sich konserquenterweise die Frage stellen müssen, was der gesellschaftliche und auch der wirtschaftliche Nutzen solchen Geldes ist.

Wir gehen mit unseren Gedanken noch ein Stück weiter. Wer legt die Maßstäbe für die Geldpolitik fest? Darf das der Staat, nach dem in Krisensituationen schnell gerufen wird? Wie steht es um Bedingungen sowie Festlegungen für eine ethisch begründete und damit untermauerte Geldpolitik? Spielt Ethik im Umgang mit Geld heute überhaupt eine Rolle? Soll oder muss sie eine Rolle spielen?

Geld ist Möglichkeiten-Bringer von Materiellem

Ein weiterer interessanter Gedanke in diesem Zusammenhang ist die Frage nach den Möglichkeiten, die der Besitz von Geld bietet. Ein etwas überzeichnetes Beispiel: Ein Ureinwohner, ein Mensch, der noch niemals Geld gesehen hat und sich auch noch niemals in der Zivilisation aufgehalten hat, besitzt keinen Horizont für die Dinge, die Geld ihm ermöglicht. Er kennt kein Auto und kennt kein Geld und weiß daher nicht, dass man beides miteinander verknüpfen kann. Kommt er eines Tages in die Lage, diese Dinge und Zusammenhänge kennenzulernen, beginnt er, die Möglichkeiten zu sehen, die Geld ihm bietet.

Geld ist ein tatsächlicher Möglichkeiten-Bringer. Und Geld ist Tauschmittel. Beides gehört zusammen. Plastisch gesagt: Je mehr Tauschmittel man zur Verfügung hat, umso mehr Möglichkeiten hat man.

Es ist auffällig, dass alle diese monetären Möglichkeiten mit Materie und ihrem Besitz zu tun haben. Geld kann keine Liebe kaufen – „Money can't buy me love" sangen die Beatles. Und sie hatten recht: Mit Geld kann man ausschließlich Materielles ermöglichen.

Die nicht-materielle Seite von Geld und Materie

Doch beim Monetären kommt auch Nicht-Materielles ins Spiel. Denn der Besitz von Geld, seine Möglichkeiten und deren Verknüpfung mit Materiellem sprechen im Menschen emotionale und seelische Bewegungen an. Das Individuum stellt fest, wie in ihm beispielsweise plötzlich das Gefühl der Gier aufsteigt, vielleicht zeigt sich Habgier, dann das willensunterstützte Vorwärtsstreben nach mehr Geld, mitunter kommt Neid, auch Traurigkeit und Freude und auch Milde und Hilfsbereitschaft.

Das bedeutet: An Materie ist Nicht-Materie gekoppelt, das dingliche Geld enthält zahlreiche nicht-dingliche Komponenten. Es scheint, als seien diese unter der Oberfläche versteckt; lüftet man den glänzenden Teppich ein wenig, werden sie augenscheinlich.

Wer sich etwas tiefer und umfassender mit dem Verhältnis von Dinglichem und Nicht-Dinglichem beschäftigt, stellt fest, dass dies völlig normal ist: An jede Materie ist Nicht-Materie geknüpft.

Zum Beispiel jene Kräfte, für die wir Namen wie Schwerkraft oder Geschwindigkeit oder Energie erfunden haben. Dies sind Kräfte, die wir beschreiben und messen können, aber die noch nie ein Mensch gesehen hat. Als Naturwissenschaftler beschäftigen wir uns mit den scheinbar objektiv messbaren Auswirkungen dieser Kräfte und schließen dann von außen nach innen auf das Vorhandensein von zugrunde liegenden Gesetzlichkeiten; wiederholen sich die Auswirkungen an unterschiedlichen Orten unter gleichen Bedingungen, bezeichnen wir unsere Beschreibungen als wissenschaftlich haltbare Erkenntnisse. Dabei erfinden wir Bilder, um die Kräfte und inneren Vorgänge uns zu verdeutlichen und begreifbar zu machen, wir bauen gedankliche Gerüste, damit wir nicht-materielle Phänomene mit anderen verknüpfen können – alles dies sind im Grunde Hilfskonstruktionen. Wir wissen dies und legen fest: Jedes dieser gedanklichen Bauwerke hat so lange Gültigkeit, bis es widerlegt werden kann. Dann tritt eine neue gedankliche Konstruktion an seine Stelle.

Bewegen sich Geisteswissenschaftler in diese Bereiche, sind sie beispielsweise Anthroposophen und kümmern sich unmittelbar um die zugrunde liegenden unsichtbaren inneren Vorgänge. Ihr Urteil und ihre Erkenntnisse zählen in der heutigen verwissenschaftlichten Welt wenig. Tatsächlich kommen sie aber zu guten realitätbeschreibenden Ergebnissen.

Es gibt ferner Naturwissenschaftler, die eine Beziehung zwischen den beiden Wirklichkeitsbereichen herstellen wollen: die Quantenmechaniker. Sie versuchen, den unsichtbaren Anteil physikalischer Geschehen in ihre Betrachtungen einzubeziehen. Und daher gerät die Quantenmechanik immer wieder zwischen die Fronten von Menschen, die die geistigen Welten anerkennen, und jenen, die diese schroff ablehnen.

Geld in Unternehmen

Was bedeutet alles dies für unsere Überlegungen in diesem Buch?

- Wer mit dem Verdienen von Geld zu tun hat, ganz gleich ob als Unternehmer oder Angestellter, sollte sich die materiellen und nicht-materiellen Komponenten von Geld verdeutlichen. Wenn man sich dies klarmacht, wenn man solche Gedanken nicht per se von sich weist oder eine versteckte Ideologie in ihnen sucht, geht man erste Schritte in Richtung „Unabhängigkeit vom Stellenwert des Geldes". Man erarbeitet sich die Voraussetzungen dafür, in den Kompliziertheiten des Lebens, des Geldverdienens zum Lebensunterhalt und zur Altersversorgung, Geld wieder als Tauschmittel und Wertemesser betrachten zu können. Der gesellschaftlich akzeptierte, fast nicht mehr hinterfragte Gedanke der Selbstverständlichkeit der Geldvermehrung, dieser scheinbare Automatismus, verliert an Macht und Einfluss. Die Auswirkungen auf das Individuum sind kaum absehbar: Es bedeutet auf jeden Fall ein Weniger an Stress, an Beschaffensdruck, es eröffnet viel Kraft und Räume für andere Dinge und Themen etc.
- Geld verändert Menschen. Der Einfluss, der Anteil nicht-materieller Kräfte beim Umgang mit materiellem Geld sollte nicht unterschätzt werden. Aus den obigen Überlegungen ist deutlich geworden, dass es ihn gibt. Wie groß er ist, kann nur von jedem Menschen selber beurteilt werden. Dazu sollte man sich in dieses Thema hineindenken. Man sollte versuchen, so weit wie möglich objektiv nachzuspüren, was der Besitz von Geld mit einem macht – genauso wie das Nichtvorhandensein von Geld. Auch diese Selbstbeobachtung ist ein Baustein auf dem Weg zur inneren Unabhängigkeit, zur Individualität. Sie entspricht der Bewegung von innen nach außen, schafft Bewusstsein und regt stark die Kreativität an.
- Ein Unternehmer, der das Geld ins Zentrum seines Handelns stellt, hat den Bezug zu seinen Produkten, seinen Mitarbeitern, seinen Kunden und letztlich zu sich selbst verloren.
- Ein Unternehmer, der das Geld-Thema komplett seinen Spezialisten in den Abteilungen überlässt, gibt einen wichtigen Einfluss-Spielraum auf.

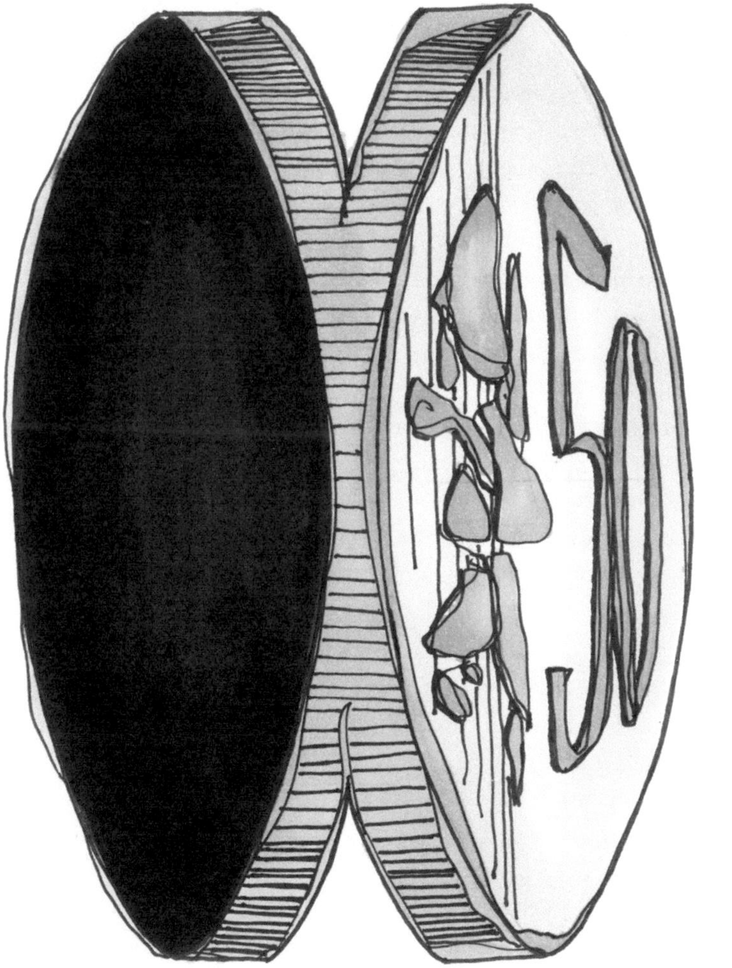

- Jeder Unternehmer sollte entscheiden und dies deutlich kommunizieren, wo die Grenzen des Finanzwesens in seiner Firma liegen: Inwieweit lässt er es zu, dass das Finanzwesen seine unternehmerischen Entscheidungen dominiert?
- In einem Unternehmen sollte die Grundsatzentscheidung darüber getroffen werden, welchen Stellenwert das Kapital fürs Unternehmen hat. Dabei können Fragen wie die folgenden auftauchen:
  Sollen Fremdfinanzierungen aufgenommen werden?
  Welche Vor- und Nachteile haben fremde Kapitalgeber?
  Was bedeutet eine Entscheidung für eine oder beide Möglichkeiten für die Finanzlage des Unternehmens? Was bedeutet das für sein Finanzwesen?
  Welche Bedeutung haben Schulden für ein Unternehmen?
  Damit hängen auch die Überlegung und Entscheidung zusammen, ob und wie schnell eine Firma wachsen will.

Moderne Auffassung von Finanzwesen

Eine gängige Beschreibung des Finanzwesens in einem Unternehmen weist diesem Bereich alle wirtschaftlichen Teilgebiete zu, die sich mit Finanzen beschäftigen. Dazu zählen u.a. das Rechnungswesen, Treasury, Controlling, Finanzwirtschaft, Liquiditätssicherung.

Dies sind allgemein akzeptierte faktische Ebenen. „Finanzwesen" sollte aber viel weiter gefasst und beispielsweise um eine Reihe qualitativer Kriterien erweitert werden.

Ein Unternehmen sollte sich also Fragen aussetzen wie den folgenden: Was bedeutet Gewinn? Jede Firma wird hierauf ihre eigene Antwort finden müssen. Sie hängt eng mit den oben skizzierten grundsätzlichen Überlegungen zum Geld zusammen – also beispielsweise damit, ob Gewinn Selbstzweck oder – bis zu welchem Grade? – unternehmensrelevant ist. Es ist ein Unterschied, ob Gewinn verstanden wird als ein Signal der Kunden, die Produkte des Unternehmens gutzuheißen und deshalb zu kaufen, oder ob Gewinn firmenintern (und damit auch nach außen wirkend) als herausragende Leistung der Firmenleitung aufgefasst wird.

Welches sind die Motive einer Firma, die für jedes Unternehmen notwendigen Überschüsse zu erwirtschaften? Sind sie ein Mittel der

Bereicherung des Vorstands? Inwiefern ist Gewinn für den Vorstand eine gute Botschaft zur Erlangung von Prestige und Anerkennung durch andere? Werden Überschüsse als eine Leistung der gesamten Firma begriffen und, nach Rückstellungen, an die Mitarbeiter ausgeschüttet?

Es spielen Überlegungen hinein, welches der tatsächliche Preis dafür ist, Profite zu erwirtschaften. Wurden dafür Mitarbeiter entlassen? Wurden Ausgaben gekürzt, um vor Aktionären gut dazustehen?

Wie verträgt sich die Unternehmensethik mit der Profitabilität des Unternehmens? Insbesondere wenn die oben skizzierte neue Ethik angestrebt werden soll, wenn dies z.B. im Geschäftsbericht und Pressegesprächen nach außen kommuniziert wird, steht die Firma unter Beobachtung der Öffentlichkeit: Schafft es die Gesellschaft, ethische Ziele zu erreichen und dabei Gewinne zu erwirtschaften? Gelingt dies nicht, wird die Gesellschaft bestenfalls als „toxisch" angesehen, und mögliche Investoren werden sich nicht um ein Engagement drängeln.

Szenarien und Steuern

Zu den Aufgaben eines verantwortungsbewussten Finanzwesens sollte gehören, Szenarien durchzuspielen, die vom normalen Ablauf der Gesellschaft stark abweichen. Damit ist nicht gemeint, für jeden möglichen Katastrophenfall detaillierte Planungen zu erarbeiten und in den Schubladen zu haben. Szenarien dienen dazu, sie im Unternehmen durchzusprechen und ein Gefahren-/Aufmerksamkeitsbewusstsein für solche und ähnliche Entwicklungen zu erzeugen. Zum Beispiel: Was geschieht, wenn der Geschäftsführer einen Unfall hat? Was bedeutet es und wie reagiert man, wenn die Banken die Kreditlinien kürzen oder streichen? Ist die Firma darauf eingestellt, angemessen zu agieren, wenn in einem Segment die Umsätze über Nacht explodieren? Gibt es ein Produkt, das Mitbewerber ebenso gut oder besser herstellen und damit quasi über Nacht in angestammte Märkte drängen können? Wie reagiert man auf den Totalausfall des Computersystems, etwa durch einen Virus?

Und schließlich die leidigen Steuern – ein Thema, vor dem sich jeder drücken will. Umso wichtiger ist es, auch an dieser Stelle klare

Vorgaben zu machen. Etwa so: Alle notwendigen Steuern werden pünktlich bezahlt, es werden keine Liquiditätsparkplätze genutzt, es werden keine Schlupflöcher gesucht. Damit geht überein, sowohl der Steuerbehörde als auch Investoren/Aktionären gegenüber die Finanzsituation so realistisch wie möglich darzustellen.

Zusammenfassung

- Geld ist Tauschmittel, Wertmesser und Möglichkeiten-Bringer.
- Die zwei Seiten der Medaille: Die Materie Geld hat eine nichtmaterielle Seite.
- Man sollte sich viel Mühe geben, beim Nachdenken über Geld die eigenen ideologischen Scheuklappen zu erkennen und diese nach und nach abzulegen. Dadurch wird man innerlich unabhängig.
- Welchen Stellenwert gebe ich als Unternehmer dem Geld in meiner Firma?
- Welches sind die wirklichen Motive für das Ausweisen von Gewinnen?
- Unbedingt Katastrophenszenarien und ihre Auswirkungen auf die Finanzlage des Unternehmens durchspielen; zunächst keine Maßnahmen treffen, sich aber mental präzise vorbereiten.
- Alle Steuern zahlen, keine Schlupflöcher suchen.

Kontinuum im Wandel

sechs

Die einzige Konstante im Universum
ist die Veränderung.

Heraklit von Ephesus

Veränderungen bereiten Unbehagen

Wir begannen dieses Buch mit einer kurzen Beschreibung der Situation in Wirtschaft und Gesellschaft zu Beginn des Jahres 2011. „Es geht um Systeme, die wir geschaffen haben und die ausschließlich wir selber ändern können", haben wir geschrieben.

Veränderungen bereiten vielen Menschen Unbehagen. Die meisten von uns versuchen, Veränderungen zu vermeiden – jedenfalls die größeren unter den vielen Wechseln im Leben. Es wird versucht, das Leben zu planen, den Beruf zu kontrollieren, die Kinder in Bahnen zu schicken, die von den Erwachsenen als richtig empfunden werden, die wir vorgedacht haben. Das Bekannte, das in diesen Formen liegt, trägt eine Ruhe in sich. Eine trügerische Ruhe. Selbst wenn uns eine Situation nicht gefällt, selbst wenn wir mit unserem Beruf, der Firma, dem Kollegen am Schreibtisch gegenüber unzufrieden sind – alles scheint besser zu sein als eine unbekannte Situation, die einer schwarzen Wand in einem abgedunkelten Raum gleicht: Man läuft auf etwas Dunkles, Unbekanntes zu und weiß nicht, ob und wie es dahinter weitergeht.

Aber was geschieht dort im Dunkel – abgesehen davon, dass man nichts Physisches sieht? Vieles passiert dort. Die Frage lautet jedoch: Was geschieht bei uns? Das Neue wirft im Handumdrehen die Frage auf, ob wir beispielsweise neugierig genug sind, dies kennenzulernen. Vielleicht mutig genug. Oder geben wir uns kühl und vermeintlich realistisch und entdecken sofort im Nicht-Alltäglichen das Gefährliche?

Wenn wir das Unbekannte kennenlernen möchten, könnten wir einfach losstolpern – wir werden mit Sicherheit irgendwann irgendwogegen laufen und uns verletzen. Wir könnten aber auch stehen bleiben, unsere Wahrnehmungsorgane wecken und öffnen, die wir alle haben, die wir jedoch üblicherweise nicht einzusetzen brauchen oder vielleicht noch nie eingesetzt haben. Wenn wir dies tun, werden wir hören und spüren, einen Lufthauch und Temperaturunterschiede fühlen, vielleicht eine Bewegung wahrnehmen, obwohl wir nichts sehen: Wir wissen mit Bestimmtheit, dass sie da war. Und vor allen Dingen werden wir etwas Neues entdecken, wir werden zwangsläufig andere Wege als bislang gehen, wahrscheinlich bewusster, mit festerem, vielleicht aber auch vorsichtigerem Schritt.

Wenn wir jedoch – ebenfalls mit voller individueller Berechtigung – an Liebgewonnenem mit aller Kraft festhalten wollen, sollten wir uns vielleicht verdeutlichen, dass unser Leben, dass die ganze Welt permanent im Wandel ist. Selbst die Dinge, an denen wir hängen, wandeln sich ständig; häufig bemerken wir das nicht einmal.

Änderungen werden verhindert

Ein befreundeter Manager und kompetenter Politiker erzählte uns vor Kurzem folgende Begebenheit. Er kam mit dem Management eines Unternehmens ins Gespräch. Es wurden neue Verkaufsansätze diskutiert. „Und dann“, sagte er, „passierte das, was ich an solchen Stellen immer wieder erlebe: Das Management, meistens der Vorstand, ist von den neuen Ideen ehrlich begeistert. Er holt seine PR- und Marketing-Chefs hinzu. Auch die hören sich alles an, nicken, äußern sich positiv über die neuen Ansätze und sagen ihrem Vorstand: ‚Wir werden uns darum kümmern, wir werden das bearbeiten und die Dinge in diese Richtung schieben.‘ Der Vorstand ist hochzufrieden, dass alles in seinem Sinne läuft. Und jedes Mal, tatsächlich jedes Mal, sagt mir hinterher der Marketing- oder auch der PR-Chef: ‚Wissen Sie, im Grunde machen wir das ja schon alles. Wir kennen diese Diskussionen und diese Lösungsansätze! Meinen Sie denn, wir sind blöd? Wir sind im Grunde schon viel weiter, als Sie denken und als unser Vorstand denkt. Aber trotzdem: Danke für den Tipp.‘ Und dann ändert sich nichts, alles bleibt genauso, wie es vorher war. Als hätten die Gespräche niemals stattgefunden.“

Unser Freund, selber ein erfolgreicher Unternehmer, ein Erfinder und Macher, der alle Menschen in seiner Firma begeistern konnte, zog daraus den folgenden Schluss: „Werden diejenigen Leute in Veränderungsgespräche eingebunden, die die bestehende Situation mit herbeigeführt haben, läuft sich jede Bestrebung zur Verbesserung und zur Veränderung tot. Jeder kämpft nur um seinen Stuhl. Es gibt entweder keine oder nur ganz wenige Menschen, die größere Zusammenhänge sehen, die weiter denken als bis zum nächsten Urlaub oder bis zu ihrer Pensionierung. Fast alle kleben und kleben und wollen alles festhalten.“

Wandel ist Leben

In unserer Agenturarbeit für Unternehmen kennen wir viele solche und ähnliche Situationen. Unsere Konsequenz daraus ist die folgende: Wir schildern unseren Ansprechpartnern in Unternehmen unsere Lösungs- und Veränderungsvorschläge, die wir nach bestem Wissen, mit bestem Gewissen, mit viel Engagement und Liebe zu den Dingen erarbeiten – und dann liegt eine Entscheidung darüber irgendwann nicht mehr in unseren Händen. Wenn gewünscht, begleiten wir unseren Ansprechpartner, aber der Anstoß dazu, der Impuls zum Wandel muss von ihm kommen.

Unabhängig von der Agenturarbeit denken wir über das Phänomen des Wandels nach und versuchen, dies zu verstehen.

Der Wandel begegnet uns überall, jeden Tag, jede Stunde, jede Minute. Wir wissen: Das ist Leben. Nichts anderes. Leben ist Wandel, Wandel bedeutet Leben. Aber: Wie weit lassen wir dieses Wissen in unser Gemüt eindringen?

Wandel = Zustände miteinander verbinden

Wenn wir uns den Wandel von Situationen, die Veränderungen von Gegebenheiten ansehen, lautet eine zentrale Frage: Wie können wir – beispielsweise als Unternehmer, also als Menschen die etwas aktiv unternehmen wollen – Einfluss nehmen? Wenn der Wandel an allen möglichen Stellen ohnehin stattfindet – können wir ihn vielleicht in unserem Sinne mitgestalten?

Die Antwort lautet: ja.

Die am häufigsten gewählte Möglichkeit des Umgangs mit Veränderung und Wandel ist die, harte Schnitte zu machen, Umbrüche herbeizuführen, im Extremfall Revolutionen anzuzetteln. Das sind Wege der aktiven Konfrontation, des unmittelbaren abrupten Handelns. Sie sind heute weit verbreitet, gemeinhin anerkannt – aber im Sinne von langfristig wirksamen Verbesserungen ineffektiv. Was daraus wird, wie wenig das zum Erfolg führt, können wir in der Geschichte nachlesen.

Es gibt eine andere, „weiche" Möglichkeit: Dies ist der permanente Versuch, Zustände miteinander zu verbinden, Übergänge zu schaffen. Allgemein gesprochen geht es zum Beispiel darum, eine gewünschte entstehende Situation ein wenig zu forcieren, dann zu beobachten, wie sie sich entwickelt, welches inhaltliche und energetische Potential sie hat und wo sie sich zu wandeln beginnt. Wir können sogar versuchen, Elemente aus der einen Situation in die nächste hineinfließen zu lassen, also Teile eines Zustands in den neuen, gewandelten Zustand zu übernehmen.

Der Vorteil dieser Methode liegt vor allem darin, dass man immer mit allen Beteiligten und allen Gegebenheiten, also mit der gesamten Situation in Kontakt bleibt und dadurch immer die Möglichkeit der Einflussnahme hat. Wenn man die speziellen Spielregeln eines solchen Umgangs mit dem Wandel – zur Erinnerung: der Leben bedeutet! – verstanden hat und anwenden kann, bleibt man immer souverän, immer unabhängig und ist trotzdem in Kontakt und im Gespräch. Man ist Teil des Geschehens, während man beim abrupten Schnitt zumindest den „abgeschnittenen" Teil der Situation auf- und abgibt; häufig fällt dabei noch vieles mehr aus dem Handlungsrahmen hinaus.

Diese Möglichkeit der „weichen" Überführung einer Situation in eine andere ist für viele Menschen schwierig, insbesondere in unserer westlichen Kultur. Dabei kann sie sehr effektiv sein, insbesondere für Unternehmer.

Dominanz und Rezession

Wer sich mit diesen Prinzipien auseinandersetzt und sie anzuwenden lernt, kommt beispielsweise früher oder später zum Themenkomplex „dominantes (bestimmendes) und rezessives (nachgebendes) Verhalten". Damit bezeichnet man grundlegende Verhaltensweisen, die häufig zu Mustern geronnen sind und sich durch ihr Entschwinden ins Unbewusste unserer Einflussnahme entziehen. Dabei ist es gerade für Unternehmer sehr hilfreich, wenn sie z.B. für Verhandlungen, für Personalgespräche, für Auseinandersetzungen mit dem Produktionsleiter und/oder dem Außendienst ein Verhaltensrepertoire zur Verfügung hätten, welches – situativ angepasst – problemlos von dominanten zu rezessiven Strukturen wechseln könnte. Das Gleiche gilt für Arbeitnehmer oder Angestellte: Wie gut würden sie sich fühlen, wenn sie zum Beispiel in Gesprächen mit ihren Vorgesetzten eine große Bandbreite an Aktions- und Reaktionsstrategien zur Verfügung hätten?

Was bedeutet das? Dazu ein Beispiel aus der Praxis. Ein Unternehmer läuft bei Finanzierungsgesprächen mit seiner Hausbank auf; der Filialleiter, seit Jahren ein zuverlässiger Gesprächspartner, will abgesprochene Kreditlinien nicht mehr gewähren.

Strukturell geschieht in dieser Situation Folgendes: Der Filialleiter dominiert die Lage. Sein Gegenüber empfindet Situationen, in denen er dominiert wird und selber nicht in der Dominanz ist, als unangenehm. Er fühlt sich unterworfen, geschwächt und letztlich als Verlierer der Situation.

Dominanz gilt als Stärke, alles andere, insbesondere Rezession, als Schwäche. Und wer will schon schwach sein?

Wie verhält sich nun der Unternehmer, der vor „seinem“ Bank-Ansprechpartner sitzt? Die übliche Reaktion ist, innerlich und äußerlich in die Konfrontation zu gehen; die Palette ist breit, zu ihr zählen das Beleidigtsein, Enttäuschung, Wut, Aggression und vieles andere mehr.

Der tödliche Dualismus

Wenn der Unternehmer sich jedoch mit den Prinzipien von Dominanz und Rezession auskennt, weiß er, dass das eine nicht besser oder schlechter ist als das andere. Dominanz ist nur vordergründig Stärke und Rezession nur dem Anschein nach Schwäche. Tatsächlich sind beides gleichberechtigte Zustände. Das Entscheidende daran ist, wie man mit ihnen umgeht – und damit sind wir bei der Überwindung des scheinbar unüberwindbaren und seine Bestandteile ausschließenden Dualismus.

Um dies zu verstehen, machen wir einen Exkurs. Wir haben es bei der Gegenüberstellung der beiden Begrifflichkeiten Dominanz und Rezession mit einem Dualismus zu tun. Der Dualismus ist ein Denkprinzip, das zu einem Auffassungs- und Beurteilungsprinzip unserer Realität und unserer Welt geworden ist. Wir geben uns jeden Tag Mühe, den äußeren Erscheinungen dieses Prinzips zu angemessenem Raum zu verhelfen, nämlich dem Entweder-oder – das dualistische Prinzip selber stellen wir nicht in Frage. An unzähligen Stellen im

(Berufs-/Geschäfts-)Leben heißt es: Es ist nur das Eine oder das Andere möglich – entscheide dich. Wir haben so häufig mit diesem Prinzip zu tun, dass wir dessen Dominanz kaum noch bemerken und dass wir genauso wenig spüren, wie sehr uns diese Einspurigkeit einschränkt. Wir treffen auf den Dualismus im Gespräch mit Banken, mit Ärzten, mit Vorgesetzten oder Mitarbeitern, mit unseren Ehe- und Lebenspartnern. Die Folge sind häufig Konfliktsituationen, die uns, unsere Firma, unsere Beziehungen in tiefe Krisen stürzen.

Erste Zweifel kommen vielleicht dann, wenn man aus irgendwelchen Gründen gezwungen wird, nicht ad hoc die scheinbar unaufschiebbare Entscheidung treffen zu können, sondern wenn man damit ein paar Tage warten muss. Häufig stellt sich die eben noch ausweglose Situation dann in einem anderen Licht dar, oder es sind Entscheidungskriterien aufgetaucht, die man vorher nicht gesehen hat; vielleicht gab es sie objektiv auch noch nicht.

Dies alles sollten uns Hinweise darauf sein, dass die Unvermeidbarkeit des Dualismus eine Fiktion ist.

Wenn man jedoch den Dualismus als Prinzip nicht erkennt und demaskiert, ist man übrigens im Zustand der unbewussten Inkompetenz (vgl. Kapitel Neue Ethik, dort „Grundsatz 4: Bewusstsein"). Tatsächlich bekommt der Dualismus einzig und allein Kraft und Raum dadurch, dass wir die Dinge als außerhalb von uns existierend betrachten. Wie ist das zu verstehen?

Dazu eine kleine Geschichte aus der Blues-Musik. In vielen Blues-Songs geht es um Wegkreuzungen. Robert Johnsons „Crossroads" hat Eric Clapton berühmt gemacht. An diesen Wegkreuzungen, so wussten die alten Wanderer und Musiker, leben und warten, meist unter Bäumen, die Geister, die uns nicht immer Gutes wollen. Kreuzungen können eine gefährliche Sache sein. Diese Information lebt in fast allen von uns und beeinflusst unbewusst Emotion und Geist – „Crossroads" wird in diesem Geiste gesungen, gespielt, verstanden. Verschwommene Informationen sind ein guter Nährboden für Angst.

Komme ich auf meinem (Lebens-)Weg an eine Kreuzung, muss ich mich nach landläufiger Meinung entscheiden, ob ich links oder rechts weitergehe; bin ich unentschieden und habe keine Entscheidungskriterien und suche diese deshalb außen, also in der sichtbaren Realität, zum Beispiel in der Art des Weges links von mir oder in der Art der Landschaft auf der rechten Seite, werde ich kaum sinnvolle Antworten erhalten. Die einzige Chance, die ich habe, ist – wieder einmal! – die „Bewegung von innen nach außen“. Ich muss sozusagen die Wegkreuzung in mir selber suchen. Ich muss vielleicht stehen bleiben, wach sein, vorsichtig sein und sehr aufmerksam beobachten, ob es vielleicht Geister gibt und ich sie in mir wachrufe, gute oder schlechte, die mich beeinflussen wollen. Ich muss die Einflüsse sehr genau zur Kenntnis nehmen und mich fragen, welchem von ihnen ich nachgeben will und ob es nicht viel klüger ist, den Mittelweg zu suchen – und damit meinen eigenen Weg.

Ich muss tatsächlich die Wege in mir suchen, dann werde ich sie finden, dann werde ich Kriterien und Antworten auf die Frage finden, welche Richtung ich einschlagen soll. Und bis ich diese gefunden habe, muss ich mich in Geduld üben.

Dieser beschriebene Prozess ist eine sehr wirksame Möglichkeit, die automatisierten Handlungsmuster des Dualismus zu durchbrechen und die eigene Entwicklung zu finden, die zu eigenen Antworten führt. Der Dualismus ist ein Denk-Irrtum, der erkannt und aufgelöst werden will. Selbstverständlich müssen wir mit klarem Bewusstsein die beiden Wege, die Extreme, das Entweder-Oder, in uns erkennen, diese Wege sogar seelisch tragen – sie sind tatsächlich ein mitgebrachter, übernommener Teil von uns –, wir müssen ihnen innerlich nachgehen. Und dabei müssen wir wissen, dass wir die Extreme und scheinbaren Ausweglosigkeiten in uns auszubalancieren haben. Die Entscheidung, der Schritt ins Handeln, sollte aus unserem tiefsten Innern, aus unserem Ich kommen. Und das ist der dritte und für uns ganz persönlich richtige Weg. Eine breite Straße. Sie führt – um im Bild zu bleiben – weder nach rechts noch nach links, sondern vielleicht geradeaus, oder im 45-Grad-Winkel nach hinten und macht dann eine Kehre nach rechts ...

Dominanz und Rezession sind Wandel

Ein Unternehmer, der das versteht und sich mit diesen Prinzipien auseinandersetzt, wird frei fürs eigene selbstbestimmte Handeln. Er weiß, dass dominant sein weder gut noch schlecht ist, dass rezessiv sein ebensowenig gut oder schlecht ist. Beides sind nebeneinander existierende Zustände, die kaum in ihrer Reinform – auch sie ist nur ein gedankliches Konstrukt – vorkommen. Der Agierende hat begriffen, dass es selbstverständlich Rezessiv-Situationen gibt, die er jedoch in Dominanz-Situationen umwandeln kann – wenn er über die entsprechenden Fertigkeiten verfügt. Ihm ist bewusst, dass es vielleicht eine Zeitlang sogar gut für ihn sein kann, ein wenig mehr in der Deckung zu verharren, also rezessiv zu sein, um dann den geeigneten Zeitpunkt abzupassen, in die Dominanz zu gehen.

Der Unternehmer, der diese Dinge beherrscht, weiß um den permanenten Wandel – denn Dominanz und Rezession sind permanenter Wandel.

Gegebener Raum und Möglichkeitenraum

Zum Wandel gehören weitere Themen. Eines der wichtigsten ist das Erkennen des gegebenen Raumes, den man vorfindet, und des Möglichkeitenraumes, den man erreichen kann oder möchte, vielleicht auch muss.

Dazu ein paar Erläuterungen, direkt aus dem aktuellen Geschehen. In der Sekunde, in der diese Zeilen geschrieben werden, befinde ich mich in einem gegebenen Raum: Ich sitze in einer Kneipe, aus dem Lautsprecher kommt Musik von Daniel Merriweather, viele Tische sind besetzt, einige Leute essen, man unterhält sich, ein allgemeines Gemurmel liegt im Raum, dazwischen ziemlich rockig die Musik.

Diese (gegebene) Situation bietet mir zahlreiche Möglichkeiten, mich zu betätigen. Ich könnte beispielsweise lesen, essen, trinken, Karten spielen, mich unterhalten, schweigend vor mich hinstarren. Wenn man es genau betrachtet und den Gedanken etwas ausspinnt, gibt es in dieser einfachen Situation – in einer Kneipe an einem Tisch sitzend – unzählige Möglichkeiten, unter denen ich wählen kann. Abstrahierend gesagt bietet der gegebene Raum ein Universum an Möglichkeiten. In meinem konkreten Fall habe ich mich für die Möglichkeit des Schreibens entschieden. Damit habe ich die Vielzahl eingeschränkt: Ich habe die Freiheit ergriffen und eine einzige Möglichkeit gewählt.

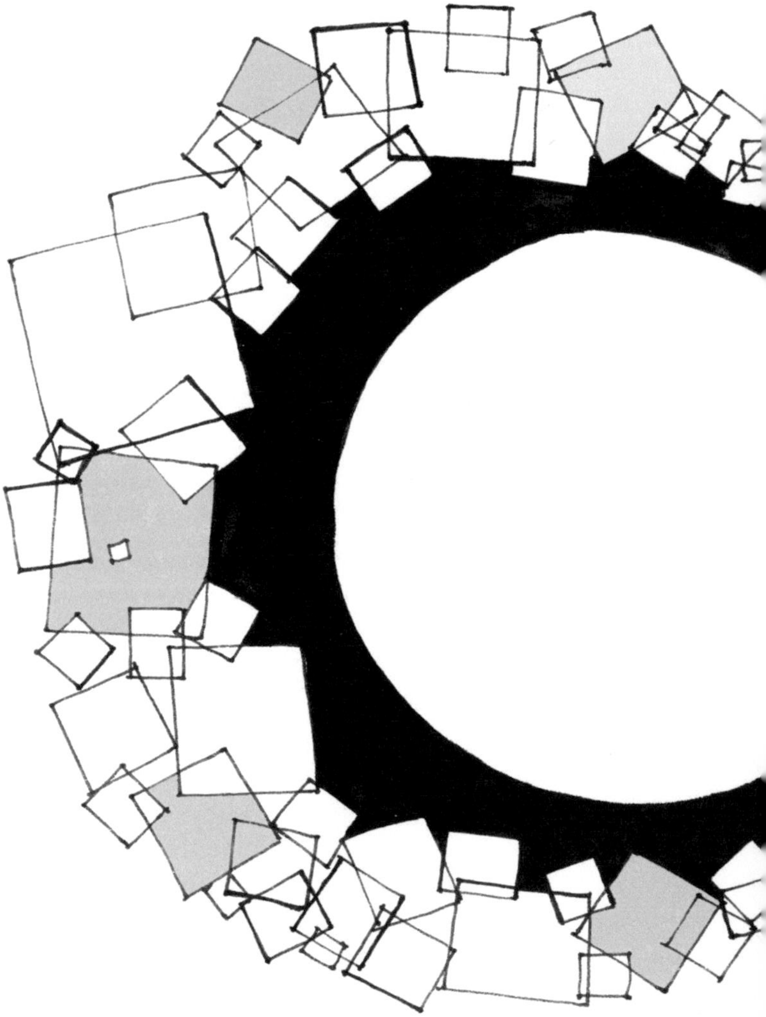

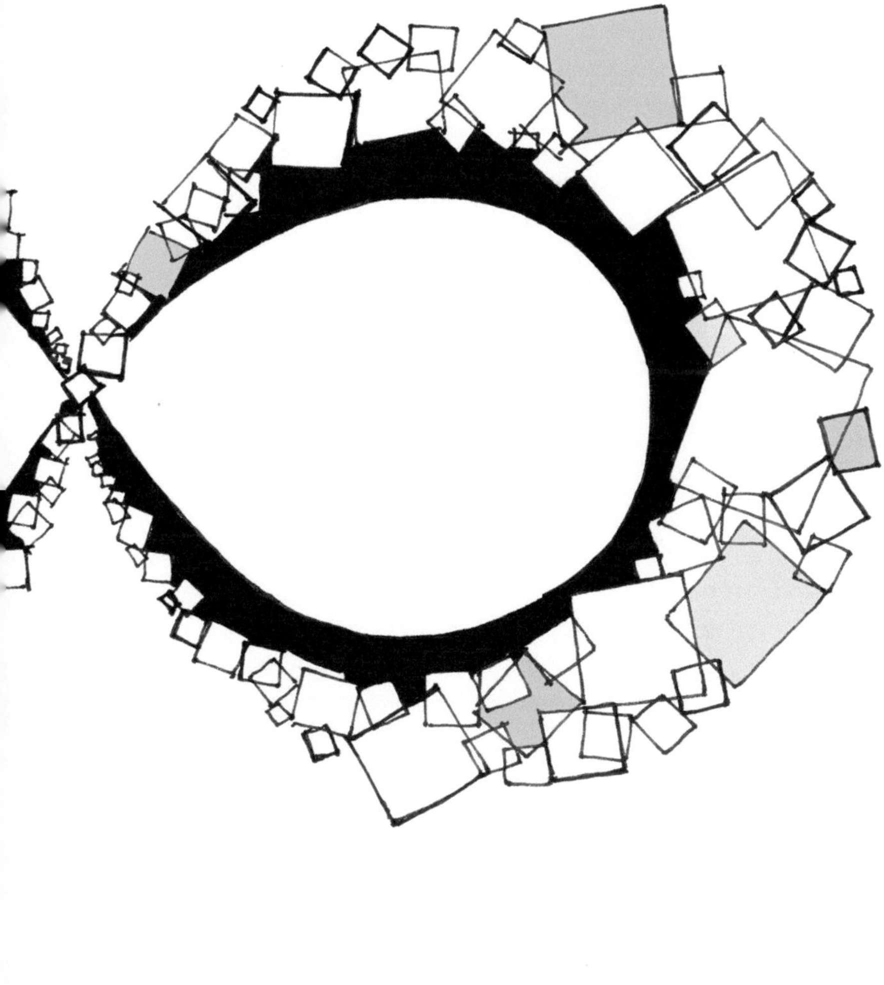

Mit dieser Entscheidung begebe ich mich in einen neuen gegebenen Raum. Es ist der Raum der Textproduktion: Was könnte ich nicht alles schreiben! Emails, eine Geschichte, lange Texte, kurze Texte, zwei Buchstaben, ein Gedicht, einen Brief etc. Und erneut beinhaltet der gegebene, frei gewählte Raum ein Universum an Möglichkeiten.

Das bedeutet: Jedes Mal, wenn ich aus dem Raum der Möglichkeiten eine einzelne, definierte auswähle, wandele ich die Situation – und etwas vollkommen Neues entsteht. Eine solche Entscheidung ist der Keim für eine neue Bewegung, neue Gedanken – für neue gegebene Räume mit riesigen Universen an Möglichkeiten.

Und exakt an der Stelle des Übergangs vom Möglichkeitenraum zu einem neuen gegebenen Raum entsteht das, was wir Leben nennen.

Dies ist zumindest eine brauchbare Definition dafür.

Das Grundsätzliche, das in diesen Zusammenhängen liegt, wird schnell deutlich, wenn man sich ein Gegenüber vorstellt: einen Partner im Sport, einen Geschäftspartner, eine Verhandlungssituation mit mehreren Kollegen oder auch seinen Ehepartner. Beobachtet man aufmerksam das Verhalten des anderen, erkennt man sofort an der Körpersprache dessen in diesem Moment gegebenen Raum; man sieht auch dessen optionalen Raum. Das Verhalten des Gegenübers, seine Art, auf den anderen zuzugehen, einen gewissen Abstand zu halten oder diesen zu überschreiten, sich im Sitzen nach vorne aufrecht zu positionieren oder nach hinten zu sinken, mit den Armen und Händen auf dem Tisch den Raum zu öffnen oder zu schließen – alles dies und noch vieles mehr gibt Auskunft über Status quo und Möglichkeiten des anderen. Jemand, der beispielsweise mit vorgerecktem Oberkörper Aggression signalisieren will, sich jedoch in einer für eine ernsthafte Bedrohung zu großen Distanz aufhält, stellt für sein Gegenüber keine Gefahr dar; er nutzt gerade mal seinen gegebenen Raum und keinesfalls seinen Möglichkeitsraum, und dies zeigt er unbewusst durch die „Organisation" seines Körpers.

Hinzu kommt nun, als weitere Ebene, die Interaktion mit dem Gegenüber. Jede Aktion kann eine Gegenaktion, eine Reaktion haben. Und je nachdem, wie diese ausfällt, ändert sich die gesamte ursprüngliche Situation. Erkennt man beispielsweise an Mimik und

Stimme, dass der Geschäftspartner in einer Verhandlungssituation seinen Spielraum längst ausgereizt hat und trotzdem hoch pokert, kann man entspannt auf alles reagieren und zu gegebener Zeit seinen Impuls setzen.

Immer wieder geht es darum, den gegebenen Raum des Gegenübers sowie von sich selber kennenzulernen, klar benennen zu können und Erfahrung mit jeweiligen Änderungen zu sammeln.

Die wenigen Beispiele verdeutlichen, wie wichtig es ist, sich mit diesen prinzipiellen Dingen auseinanderzusetzen. Man sollte seine Wahrnehmung schärfen und genaues Beobachten anstreben.

Dazu muss man wissen, dass der Blick für diese Dinge nicht im Handumdrehen erlernt wird: Man muss üben, sich wahrscheinlich von einem – geeigneten! – Lehrer anleiten lassen, immer wieder üben.

Das Schöne ist, dass man im Alltag viele solcher Situationen und Verhaltensweisen sich in Ruhe ansehen und dazu sich selber ausprobieren kann. Zudem gibt es auf Bewegungsprinzipien sowie deren Alltagsumsetzung basierte Sportarten wie TaiJi Quan und Qi Gong, mit deren Hilfe – und der Unterstützung eines Lehrers – man diese Dinge lernt.

Das Individuum bleibt im Zentrum

Nach diesen grundsätzlichen Erläuterungen kehren wir noch einmal in das Thema von Verhältnismäßigkeiten und Ausnutzung von Räumen zurück und betrachten ein paar Beispiele und Anwendungssituationen.

Es spielen fast immer die gleichen Fragen eine Rolle: Wie groß ist in einer bestimmten Situation mein (vor-)gegebener Raum, also jener Bereich, in dem ich mich bequem und sicher bewegen kann (ein Hinweis: Der (vor-)gegebene Raum ist Teil meiner Bedingungen)? Kann ich den gegebenen Raum ausdehnen? Wie funktioniert das? Worin besteht der Unterschied zum Möglichkeitenraum – jenem Raum mit jenem Endpunkt, der mir als letzte denkbare Grenze bewusst wird?! Wie groß ist die räumliche, gedankliche und emotionale Distanz zwischen gegebenem und möglichem Raum? Woher weiß ich, wer sagt mir, welche Umstände bringen mich dazu, mich in den Möglichkeitenraum ausdehnen zu wollen? Was würde geschehen, wenn ich im gegebenen Raum bliebe? Kann ich mich vielleicht zwischen beiden Räumen hin- und herbewegen? Wie erreicht man den Übergang vom einen zum anderen Bereich? Kann ich eventuell – mit etwas Übung – beide ausbalancieren?

Bei diesen wichtigen Positionierungsfragen und Positionsbestimmungen, zu denen man insbesondere als Unternehmer im Laufe seiner Arbeit immer wieder aufgerufen wird, spielen die jeweiligen Bedingungen eine zentrale Rolle – ein weiteres wichtiges Thema. Die Bedingungen sind sowohl innen (z.B. emotionale, psychische, physische Gegebenheiten) als auch außen (z.B. Markt, Produkte, Mitarbeiter, Finanzsituation, Lebensbedürfnisse) zu finden. Sie alle sind miteinander verwoben und bilden ein fast unüberschaubares dichtes Beziehungsgeflecht.

Man muss um die Bedingungen wissen. Und man muss sich dessen bewusst werden, dass sie sowohl den gegebenen als auch den möglichen Raum beeinflussen.

Möchte ein Unternehmer beispielsweise ein neues Geschäftsfeld eröffnen, ist es ratsam, dass er sich um diese Zusammenhänge kümmert. Dann könnte er verstehen lernen, warum und an welchen Stellen die Dinge ein wenig mehr Zeit brauchen, als er eingeplant hat. Er wird dann vielleicht seinen Geschäftspartner nicht einfach alleine loslaufen lassen – Zeit hat ohnehin niemand in solchen Phasen –, sondern ihn aufmerksam und liebevoll im Blick behalten. Er wird vielleicht, bevor er an Grenzen kommt, spüren, an welcher Stelle es überhaupt Grenzen gibt. Er wird feststellen, dass er in seinem gegebenen Raum, der sozusagen sein eigenes Spielfeld ist, sich anders bewegen kann als in seinem Möglichkeitenraum – denn dort findet, um im Bild zu bleiben, ein Auswärtsspiel statt; dort läuft er Gefahr, aus seiner Mitte gerissen zu werden – also muss er sich dort aufmerksamer bewegen, muss anders beobachten als sonst, darf sich nicht zu früh verausgaben.

An allen diesen Stellen prüft die „Bewegung von innen nach außen“ die eigenen Gegebenheiten, gleicht sie mit dem Außen ab, kommt zu Entscheidungen, die zu Handlungen führen. Und jedes Mal findet ein Wandel statt. Immer jedoch bleibt das Individuum

Zentrum des Geschehens und nimmt sogar aus seiner Mitte noch Einfluss darauf.

Letztlich kommt es genau darauf an: dass das Individuum, bei allem, was geschieht, in seinem Zentrum bleibt.

Individuum – kein Egoist

Wir sprechen auch an dieser Stelle immer wieder vom Individuum. Damit ist der individuelle, in sich ruhende Geist gemeint, nicht der Egoismus (vgl. Kapitel 2). Der individuelle Geist ist Antrieb und auch Kontrollinstanz, damit das Ego keine Überbetonung erfährt.

Kontinuum ist Wandel

Alle diese Zusammenhänge sind ständig präsent. Der Wandel der Zustände ist allgegenwärtig, obwohl wir ihn kaum zur Kenntnis nehmen. Der Dualismus, wie er uns vermittelt wird und wie die meisten von uns ihn leben, existiert nicht. Er löst sich im Wandel auf. Das permanent Fließende, das Kontinuum ist der Wandel.

Stellen wir uns ihm entgegen, wird's hakelig. Akzeptieren wir ihn, laufen die Dinge glatt.

Das bedeutet: Wir selber legen in uns die Bedingungen fest – die Blickwinkel, die Einstellungen, die „Werkzeuge" –, mit denen wir in der Welt leben. Ob wir zufrieden sind, ob wir Erfolg haben, ob wir in unserem Traumberuf arbeiten.

So oder ähnlich stehen die Sätze in fast jedem Motivations- und in jedem zweiten Managementbuch, sie tönen aus unzähligen Schulungsvideos. Das bedeutet nicht, dass sie falsch sind. Doch sie beschreiben die Endpunkte, die Resultate von Entwicklungen – wenn man so will: Die am Ende sichtbaren äußeren Erscheinungen von inneren Prozessen, die lange vorher begonnen haben. Auf Basis des vorliegenden Buches können wir sagen: Wer dorthin kommen will, muss sich an den Anfang begeben.

Das Entscheidende sind die oben beschriebenen Inhalte. Es sind die Zusammenhänge von Dualismus, von Dominanz und Rezession, von gegebenem und möglichem Raum.

Und doch sind dies nur einige der Parameter, die es lohnt, sich anzusehen. Wir alle haben jeden Tag damit zu tun, und wissen kaum etwas darüber. Diese Zusammenhänge beeinflussen permanent unser Leben – und wir lassen es einfach geschehen.

„Ich will es wissen"

Wie und wo kann man mehr darüber erfahren? Die folgende Antwort ist einfach, trifft jedoch ins Schwarze: Das eigene Wollen ist gefragt. Man muss diese Dinge wirklich wissen und erfahren wollen. Mit all unserer Kraft, unserer Bewusstheit, mit unserem Gemüt. Manchmal steht ein kleiner, aber sehr bestimmter Gedankenimpuls am Anfang. Mitunter ist es das unbestimmte Gefühl im Bauch, „dass da was dran sein könnte". Aber man muss in jedem Fall diesen Impuls des unbedingten „Ich-will-es-wissen" mitbringen, dann öffnen sich Zusammenhänge.

Leider gibt es nicht – jedenfalls für uns nicht unmittelbar erreichbar – eine umfassende Schule, die so etwas lehrt. Es gibt auch nicht das 9Grundlagenbuch, das alle solchen Fragen beantwortet. In Zeiten des Internets, wo alles auf einen Klick hin erreichbar zu sein scheint, ist dies ungewöhnlich.

Aber es gibt Menschen, die Aspekte dieser Zusammenhänge unterrichten. Es gilt, sie zu finden, es gilt, dabei die Spreu – dies sind dic unzähligen Scharlatane – vom Weizen – dies sind die tatsächlichen Lehrer – zu trennen. Doch wie findet man sie?

Wie findet man „Wissende"?

Wir haben festgestellt, dass es häufig die nicht in den Vordergrund drängenden Menschen sind, die Kenntnisse vom Wandel nicht nur erworben haben, sondern diese auch noch weitergeben können. Unter denjenigen, die tatsächlich „Ahnung" haben, sind viele mit „krummen" Lebenswegen, mit abgebrochenen und an kaum nachvollziehbaren Stellen wieder aufgenommenen Biografien. Da sind auch jene, die schwere Krankheiten durchgemacht, überlebt und die Erlebnisse und tiefen Erfahrungen in Leben umgewandelt haben.

Es sind in jedem Fall Menschen mit einem Kern. Den spürt man sofort, bei der ersten Begegnung. Dieser Kern, diese sich herausbildende Individualität, mag sich mitunter etwas rau oder burschikos zeigen, doch eine solche Person darf man ansprechen und fordern: Ein ernsthaft Fragender bekommt immer eine Antwort – wahrscheinlich nicht die, die er erwartet, aber auf jeden Fall eine, die ihm etwas sagt.

Eine gute Methode bei der Suche nach Menschen, von denen man lernen kann ist folgende: Wenn man sich mit den in diesem Buch beschriebenen Inhalten etwas befasst hat, kann man einem zukünftigen Lehrer das eine oder andere Stichwort nennen. An der Art der Reaktion zeigt sich meistens sehr schnell, ob der Lehrer etwas zu sagen hat oder ob er auf einer modischen Schulungs-/Trainer-/Motivierer-/Seminarwelle reitet.

Und schließlich der Lackmustest: Wie steht es um die Freiwilligkeit? Jeder Lehrer, der verstanden hat, um was es bei den beschriebenen Inhalten tatsächlich geht, weiß, dass der Fragende, der zu ihm kommt, niemals bedrängt, niemals unter Druck gesetzt oder gar erpresst werden darf. Die Methoden dazu sind vielfältig und häufig sehr subtil. Aber alle Schritte müssen vonseiten des Fragenden freiwillig erfolgen, zu jeder Zeit. Der Fragende muss jederzeit ohne Wenn und Aber gehen dürfen.

Kein Überfordern!

Ein in diesem Zusammenhang letzter Hinweis: Niemand sollte sich überfordern. Selbstverständlich ist alles Neue aufregend und steht sofort im Zentrum der Aufmerksamkeit. Doch es gilt, die eigenen (mitgebrachten) Bedingungen kennenzulernen.

Wenn jemand beispielsweise anfängt, Marathon zu laufen, startet er nicht am ersten Tag morgens um sechs Uhr mit einer 20-Kilometer-Strecke. Wenn er verantwortungsvoll mit sich umgeht, beginnt er mit Dehnübungen, mit dem Aufwärmen, mit einem 20-minütigen Laufpensum, das er nach einiger Zeit auf 30 Minuten oder mehr steigert. Und irgendwann läuft er die 42,195 Kilometer lange Marathonstrecke.

Es gibt Lehrer, die vermitteln wertvolle körperliche Übungen. Da geht es zunächst um die reine Körperlichkeit, eingestreut werden Themen wie „Wahrnehmung des Innern und die Wirkung nach außen“, „Räume der Gegebenheiten und der Optionen“, „Wandel von Energien“, „Dominanz und Rezession“. Es werden praktische Übungen gelehrt, zunächst in der puren Bewegung. Nach einiger Zeit stellt man fest, dass alle körperlichen Bewegungen an Energiebahnen und an geistige Inhalte geknüpft sind. Eine hochkomplexe Materie! Ein Begreifen vieler Zusammenhänge kann entstehen. Parallel dazu beginnt die Umsetzung, die Anwendung dieser Dinge im Alltag, im Beruf, in der Familie, im Freundeskreis, bei der Berufswahl, in Diskussionsrunden bei Personal- und Vorstandsentscheidungen.

Jeder muss sich die für ihn angemessenen Inhalte, Lehrer, Lernsituationen heraussuchen – und sich klarmachen, dass alle Entwicklungen Zeit brauchen.

Raum für Entwicklung

Die Tatsache, dass jede Entwicklung ihre eigene Zeit und ihren Raum einnehmen will und muss, ist wörtlich und im übertragenen Sinne zu verstehen. Wir geben uns selber den Raum dafür. Damit ist ein Frei-Raum gemeint, ein Platz, Umraum, ein geschützter Bereich, der – jedenfalls zunächst – nicht in irgendeiner Form verwertet werden soll. Er soll einfach nur vorhanden sein.

Das kann im privaten Bereich ein separates Zimmer sein, in dem man, ungestört von anderen, seinem Hobby nachgeht, eine geheizte Garage, eine abgetrennte Zimmerecke.

In einem Unternehmen kann beispielsweise überlegt werden, einen Teil der Kantine für Mitarbeiter auszuweisen, die sich über bestimmte Fragen ihrer Arbeit austauschen wollen. Entscheidend ist, dass dieser Bereich räumlich von den sonstigen „Arbeits“-Büros getrennt ist. Hier können Lösungen entwickelt oder Organisationsänderungen von Abläufen besprochen werden. Dabei muss selbstverständlich deutlich sein, dass kein „Kaffeeklatsch“ entsteht, sondern dass dies ein Raum – wörtlich und übertragen! – ist, der außerhalb des Tagesgeschäftes liegt und trotzdem ins Unternehmen gehört.

Speziell in Unternehmen müssen für solche kreativen Ecken spezielle Supervisings eingerichtet sein: Es muss jemand dafür verantwortlich sein, dass ein solcher „Raum der Stille“ entstehen kann und mit Leben erfüllt wird – und auch, dass dort erarbeitete Ergebnisse wieder ins Unternehmen zurückfließen.

Daher müssen bei der Einrichtung solcher und ähnlicher Strukturen immer die Ziele und die Absichten klar definiert sein. Auch die

Festlegung auf „keine schnelle Verwertung“ ist ein Ziel, auch eine „spätere langsame Verwertung“ ist ein solches.

Räume für Heranwachsende

Dazu noch ein Gedanke, der über den Rahmen von Unternehmen hinausgeht und ins Soziale weist. Er ist aus einer Beobachtung entstanden.

Wir kamen in einer Nachbarstadt abends an einer Kneipe vorbei, einer vor vielen Jahren umgebauten Schmiede. Wir sahen durch das große Fenster die groben Tische, auf denen große Kerzen standen, den Kamin, in dem Holzscheite glühten, die wenigen Lampen. Viele Jugendliche saßen auf den einfachen niedrigen Stühlen, redeten, tranken, einige liefen durch den dunklen Raum, einige kamen nach draußen zum Rauchen.

Dieses Bild sprach Bände: Da war ein abgeschlossener Raum, in dem sich Menschen trafen. Jeder schien machen zu können, was er wollte. Man spürte die entspannte Atmosphäre, niemand brauchte sich zu verstellen, jeder schien willkommen zu sein. Es war ganz klar: Diese Kneipe war ein echter Frei-Raum für die Jugendlichen.

Jeder Trendscout, wie sie von Agenturen und Unternehmen eingesetzt werden, um in Kneipen, auf Konzerten, in Diskussionsrunden etc. herauszufinden, welche Kleidung, welche neuen sprachlichen Ausdrücke oder welche Lebensziele gerade angesagt sind, hätte in dieser Kneipe eine Goldgrube gefunden. Zum Glück war keiner in der Nähe. Es war plötzlich ganz deutlich, wie wertvoll diese Freiräume für uns alle sind: Wenn die Jugendlichen lernen, sie wertzuschätzen, sich diese Räume bewusst zu schaffen, tragen sie diese Erfahrungen durch ihr ganzes Leben und legen Grundsteine. Denn in diesen stressfreien Räumen, die übrigens auch jeder freiberufliche, unternehmerische Künstler und jeder künstlerische Unternehmer für sich und seine Arbeit braucht, entsteht Neues. Hier wandeln sich die Dinge, hier kommt Entwicklung zum Tragen und es werden Ideen geboren.

Zusammenfassung

- In unserem Leben herrscht ständig Bewegung, die permanent alle Dinge wandelt.
- Das Festhalten an Bestehendem ist ein wichtiges, ernst zu nehmendes Merkmal von uns Menschen. Es zeigt sich in jeder Lebensphase, in jedem Beruf, in jedem Hobby.
- Wer Dinge wandelt, verbindet das eine mit etwas anderem. Es gibt keine abrupten Übergänge.
- Dies hilft, den im Denken und Handeln üblichen Dualismus zu überwinden. Er engt uns ein, ist ein nur in der Theorie existierendes Lebenskonstrukt und verhindert letztlich sanften Wandel.
- Wandel ist Bewegung. In der Interaktion mit anderen Menschen rücken die Elemente von Dominanz und Rezession in den Vordergrund. Ohne diese Prinzipien zu kennen, bewerten wir in der gesellschaftlichen Diskussion Dominanz mit „gut“ und Rezession mit „schlecht, schwach“; andere – ideologische! – Auffassungen sehen dies genau umgekehrt. Vom Gesichtspunkt des Wandels aus betrachtet ist beides falsch: Beides sind Zustände, durch die wir täglich laufen. Erst dann, wenn wir das Wandlungspotential in beiden kennen, können wir damit sinnvoll vom einen in den anderen wechseln. Die wichtigsten Effekte: Unsere gesamte Kommunikation bekommt einen neuen Charakter; wir betonen unsere Individualität, werden selbstbewusster und selbstbestimmter – das gilt gleichermaßen für Unternehmen und für Individuen.
- In jeder Bewegung liegt Bewegungsraum. Wir verfügen über einen (jeweils aktuellen) Handlungsraum und einen (jeweils zu entwickelnden) Möglichkeitenraum. Beide gilt es kennenzulernen, auszuloten und die Übergänge zwischen beiden zu entdecken.
- Wer dieses und weitere solcher Prinzipien erlernen will, sollte dies freiwillig tun – nicht einem inneren oder äußeren Zwang gehorchend.

Man kann die Welt oder
sich selbst ändern.
Das Zweite ist schwieriger.

Mark Twain

sieben

Dank

Viele Quellen liegen diesem Buch zugrunde. Da sind Gespräche mit Freunden, mit Lehrern, da sind Vorträge und Seminare. Wichtige Einflüsse kommen aus den Bereichen TaiJi Quan und QiGong sowie der Anthroposophie. Zahlreiche Bücher, die wir im Laufe von Jahren lasen, haben ebenfalls ihren Anteil am Entstehen und Inhalt dieses Buches; auch dahinter stehen Menschen, die sich mit der Welt beschäftigt haben, die ihre Einsichten in Zusammenhänge uns glücklicherweise hinterlassen haben.

Da ist Andrea Kühn, der Mensch, der mit mir durchs Leben geht: immer bereit, das Positive zu suchen und zu sehen, immer wach, auf Ungereimtes hinzuweisen, immer da, mich lernen zu lassen. Da sind unsere Kinder Luise, Matthias, Robert. Robert hat sich darauf eingelassen, die Illustrationen in diesem Buch zu zeichnen; eine schwierige Sache, weil es galt, abstrakte Inhalte bildlich darzustellen. Ich bin froh, dass er es gemacht hat, denn ich mag seinen Strich. Seine Bilder sind mehr als gelungen!

Der Grafiker Walter Werner hat das Layout des Buches erstellt. Er hat eine moderne klare Form mit einem warmen Erscheinungsbild gefunden.

Der Textchef und (Schluss-)Redakteur Jochen Vieluf hat sich die Zeit genommen, das Buch korrekturzulesen und mir wertvolle sachliche Hinweise zu geben.

Ihnen allen danke ich von Herzen.

Denkwege offenlegen

Es wurde weitgehend darauf verzichtet, im Buch aus Quellen zu zitieren. Aber wir möchten die Denkwege offenlegen, damit diejenigen, die interessiert sind, selber auf die Suche gehen können. Daher haben wir einige Autoren und Lehrer im Folgenden alphabetisch aufgeführt und etwas dazu geschrieben. Die Auswahl ist nicht umfassend, aber aussagekräftig.

Yvon Chounard

„Lass die Mitarbeiter surfen gehen“ heißt das Buch des Gründers der amerikanischen Outdoor-Bekleidungsfirma Patagonia. Auf der Basis seiner eigenen – für klassisches Wirtschaftsverständnis – neuen und ungewöhnlichen Unternehmens- und Marketingphilosophie ist er sehr erfolgreich. Er verbindet das Geldverdienen mit Ethik und der Liebe zur Natur.

Global Europe Anticipation Bulletin

Dies ist ein guter monatlich erscheinender kostenpflichtiger Newsletter, der in vier Sprachen herausgegeben wird. Eine Gruppe unabhängiger Forscher identifiziert und analysiert weltweite politische (inkl. Sicherheits- und Verteidigungspolitik), wirtschaftliche und soziale Ereignisse und Entwicklungen.

Ralph Große

Profunder, doch gegen den Strich anthroposophischer Mainstream-Meinungen bürstender Vortragsredner, Gründer des „Hiram Hauses“ für Suchtkranke in Berlin. Wer die Chance sieht, bei einem seiner Vorträge dabei zu sein, sollte dies unbedingt wahrnehmen.

Dag Hammarskjöld

„Zeichen am Weg“ heißt das „spirituelle Tagebuch des UN-Generalsekretärs“. Zum Glück wurde das Tagebuch nach dem plötzlichen Tod Hammarskjölds gefunden und veröffentlicht. Es enthält viele Gedanken zu Grundsätzlichem, geschrieben u.a. während seiner kräftezehrenden Arbeit als UN-Generalsekretär. Es gibt intime Einblicke in die Seele dieses im Leben stehenden und hart arbeitenden Mannes, der gleichzeitig hoch-spirituell war.

Dieter Mayer

„Typgerecht trainieren – mit der Bewegungslehre nach den Fünf Elementen“ (Books on Demand, ISBN 978-3-8391-6756-4) heißt sein Buch.

Wilhelm Mertens

Ein TaiJi Quan- und Qi Gong-Lehrer aus Hamburg. Ein Meister. Er schafft es, die geistigen, kommunikativen, nährenden und heilenden Dimensionen dieser Bewegungskünste fast nebenbei zu vermitteln; im Vordergrund steht das Körperliche: bodenständig, präzise, elegant – und nicht immer einfach. Auf seiner Website (www.wilhelmmertens.de) bekommt man einen kleinen Einblick in die Arbeit; seine Bücher, auch als Co-Autor, sind Bestseller.

J. Milberg, G. Schuh (Hrsgb)

„Erfolg in Netzwerken“ (Springer Verlag 2002). Die Autoren beziehen sich u.a. auf die PIMS-Studie (s.u.), fassen deren Ergebnisse gut zusammen.

PIMS-Studie (Profit Impact of Market Strategy)

... des Strategic Planning Institute. Das Institut, seit 1975 eigenständig, mit Sitz in den USA und Zweigstellen in Europa, hat ca. 450 Mitglieder aus den USA, Asien und Europa. Sie alle stellen Daten und Erfahrungen aus ihren Geschäftstätigkeiten zur Verfügung. Die PIMS-Studie gehört zu den modernen Ansätzen von Marktforschung und -planung. Das Institut entwickelt aus der Fülle an Daten ein Diagnose- und Prognosemodell für bestimmte Produkt-/Marktbereiche.

Robert M. Pirsig

„Zen und die Kunst, ein Motorrad zu warten. Ein Versuch über Werte“. Ein hervorragendes Buch, das jeder Student im ersten Semester lesen sollte. Es geht weder um Zen noch um das Motorradfahren, sondern um zentrale Fragen des Lebens.

Wolf Schneider

„Deutsch für Profis“ hat Wolf Schneider geschrieben: ein Sprachführer, aus Sicht eines Journalisten. Es ist auch für Nicht-Profis ein lesenswertes Buch: Schneider macht viele Sprachsünden bewusst und gibt prägnante Tipps, wie man diese vermeiden kann.

Rudolf Steiner

Er hat ein solch umfangreiches und inhaltsschweres Werk hinterlassen, dass man nicht auf ein oder zwei Bücher verweisen kann. Wer interessiert ist und es nicht ohnehin bereits gemacht hat, sollte einfach irgendwo anfangen zu lesen. Ein brauchbares Rezept ist, sich einfach von den Titeln inspirieren zu lassen.

Götz Werner

Er ist Gründer und war 35 Jahre lang Geschäftsführer vom dm-drogerie markt. Aufmerksamkeit erregte seine unkonventionelle Unternehmensführung: unautoritäre Leitung („dialogische Führung"), Verständnis, Respekt. Seine Mitarbeiter produzieren keine „Personalkosten", sie sind „Kreativposten". Seit 2005 engagiert sich Werner für das von ihm entwickelte Konzept des „bedingungslosen Grundeinkommens".

Interesse? So kann es weitergehen

Sie haben das Buch gelesen. Sie interessieren sich für die skizzierten Gedanken- und Handlungsansätze. Sie möchten mehr wissen: Beispielsweise darüber, wie man Kreativität (wieder-)findet. Oder darüber, wie Sie Ihre Mitarbeiter führen können. Oder darüber, was Führungsqualität bedeutet und wie man in jeder Situation angemessen handelt.

Auf der Website www.bodenfinden.de finden Sie wertvolle Hinweise zu diesen Themen.